高等学校环境科学与工程专业项目化教学全国通用教材

废水处理与回用

王慧雅　主　编

胡志新　郭　光　副主编

FEISHUI

CHULI

YU HUIYONG

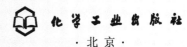

化学工业出版社

·北京·

内 容 简 介

本书针对我国水资源短缺、水污染严重的两大问题，主要介绍了我国水环境现状、水质监测方法、废水处理技术、废水回用途径与处理技术、环境管理模式与效益分析，重点阐述以改性 PVDF 分离膜为核心处理技术的废水资源化项目案例。

本书中的项目案例大部分素材来源于编撰者产学研技术开发项目，内容翔实，有较强的工程背景和实用性，内容通俗易懂、图文并茂，专业实用性强。本书可供从事水处理技术的科研、技术和设计人员阅读，也可供环境科学与工程、市政工程等相关专业的师生参考。

图书在版编目（CIP）数据

废水处理与回用/王慧雅主编. —北京：化学工业出版社，
2021.12（2025.3 重印）
ISBN 978-7-122-40442-8

Ⅰ.①废… Ⅱ.①王… Ⅲ.①废水处理-高等学校-
教材②废水综合利用-高等学校-教材 Ⅳ.①X703.1

中国版本图书馆 CIP 数据核字（2021）第 266982 号

责任编辑：卢萌萌 装帧设计：王晓宇
责任校对：王 静

出版发行：化学工业出版社（北京市东城区青年湖南街 13 号 邮政编码 100011）
印 装：北京盛通数码印刷有限公司
787mm×1092mm 1/16 印张 11½ 字数 275 千字 2025 年 3 月北京第 1 版第 4 次印刷

购书咨询：010-64518888 售后服务：010-64518899
网 址：http://www.cip.com.cn
凡购买本书，如有缺损质量问题，本社销售中心负责调换。

定 价：59.00 元

前言

在全球水资源日益短缺的背景下，中水已逐渐被人们视为可重复利用的第二水源，中水回用也成为世界各国的研究重点。目前很多发达国家基本都制定并完善了中水回用的相关政策和法规，以更好地促进水资源的合理利用。我国目前污水再生利用率很低，中水回用的提升空间很大。随着节水型社会和无废城市的建设，人们必须坚持"节水优先、治污为本、合理开源"的用水模式，逐步提高城市污水回用水比例。本书以实现废水资源化为目标，结合编者科研方向，重点阐述以改性 PVDF 膜为核心技术搭建中水回用装置并将污水处理为回用水，并且构建了项目化教学主体内容。

本书在介绍废水处理技术、水质监测方面、环境管理和效益分析的基础上，以项目形式围绕实验室废水的处理，洗漱废水、洗衣废水和农家乐污水的资源化展开。每个项目分解不同的任务，通过"工程化环境、项目化载体、团队式指导、协作式学习"的教学组织形态，将环境、机械、自动化、艺术、经管等分散化、模块化知识有机整合，形成专业相关、多元化交叉、系统化、全面化知识体系。中水回用技术路线的设计、装置的搭建和运行等重要任务在实施过程中需学生结合相应教学内容前往教室、图书馆、实验室、企业、工程现场等场所通过收集资料、参观学习、小组讨论后进行方案设计、实践制作。本书中大部分任务以团队型学习、小型化实训的教学形式循序渐进完成，形成"做中学，研中学，理实一体"的教学效果，培养学生团队协作和职业道德等人文素养的同时更利于学生的工程实践能力和创新能力的提升。本书可弥补应用型本科院校中环境工程类专业的项目化教学教材不足的问题，助推项目化教学可持续发展。

南京工程学院丁克强教授和南京辛巴智能制造有限公司刘长虎总经理对本书编写给予了大力支持和热忱帮助，提出了许多宝贵意见，特此衷心感谢。本书编写过程中参考了国内外许多著作和论文，在此向所有作者表示诚挚的感谢。

由于编者水平及时间有限，书中难免有疏漏和不足之处，恳请同行专家、使用本书的各院校师生等批评指正。

目录

第 3 章
废水处理技术

第6章
废水资源化项目案例　　　　101

第1章 绪 论

水是人类赖以生存的基本条件。地球上的水资源丰富，总量约为 $1.39 \times 10^9 \text{km}^3$，其中淡水只约占 2.5%，而且淡水中固态水（冰川和永久积雪）占 77%，地下水占 22%。因此，可供人类使用的淡水资源总量只占水资源总量的 1% 左右，人类可以利用的水资源是非常有限的。从淡水总量上看，我国的水资源并不缺乏，淡水资源量约为 $2.8 \times 10^{14} \text{m}^3$，但是我国人口众多，人均占有量只有 2200m^3，相当于世界人均占有量的 1/4，位居世界第 110 位，是水资源极度缺乏的国家之一。预计到 2030 年我国人均水资源将降到 1760m^3，接近国际上公认的用水紧张国家的人均水资源 1700m^3 的标准。全国 691 个城市中，缺水城市达 400 多个，其中严重缺水的城市 114 个，日缺水 $1600 \times 10^4 \text{m}^3$。有的城市水资源量低于 $1000\text{m}^3/(\text{人} \cdot \text{a})$，达到国际公认的水资源紧缺限度。

水污染引起的"水质型缺水"是引起我国水资源短缺的主要原因之一。我国大约 80% 以上的地表水和 45% 的地下水已被污染，90% 以上的城市水域污染比较严重。2018 年中国水资源公报显示，全国 $26.2 \times 10^4 \text{km}$ 的河流中，Ⅰ~Ⅲ类、Ⅳ~Ⅴ类、劣Ⅴ类水河长分别占评价河长的 81.6%、12.9% 和 5.5%，主要污染项目是氨氮、总磷和化学需氧量。此外，对 124 个湖泊共 $33 \times 10^4 \text{km}^2$ 水面进行了水质评价，Ⅰ~Ⅴ类、Ⅳ~Ⅴ类、劣Ⅴ类湖泊分别占评价湖泊总数的 25.0%、58.9% 和 16.1%。121 个湖泊营养状况评价结果显示，中营养湖泊占 26.5%；富营养湖泊占 73.5%。

1.1 废水概况

1.1.1 废水来源与特性

根据来源不同，废水可分为生活污水、工业废水、初期污染雨水和城镇污水。据中国环境年报统计，2019 年，全国城镇污水排放总量为 742 亿吨。

（1）生活污水

生活污水是指人们在日常生活中所产生的废水，主要是厕所、洗涤和洗澡等产生的污水。生活污水中主要污染物是有机物（如纤维素、蛋白质、糖类和脂肪等）、无机物（如磷、尿素、氨氮和硫等）以及大量病原微生物（如寄生虫卵和肠道传染病毒等）。生活污水一般不含有毒物质，但它有适合于微生物繁殖的条件，含有大量的病原体，其中的有机物极不稳定，容易腐化而产生恶臭，病原微生物的大量繁殖可导致疾病蔓延。其水量和水质明显具有昼夜周期性和季节周期变化的特点，受到生活水平、生活习惯、卫生设备及气候的影响。

（2）工业废水

工业废水是指在工业生产过程中所排出的废水。工业废水种类繁多，污染物和生产过程相关，成分复杂多变。工业类型、生产类型和工艺水平都影响到工业废水的水质，其主要成分取决于生产过程中采用的原料以及所应用的工艺。

工业废水可分为生产污水和生产废水。生产废水是指比较清洁，不经处理即可排放或回用的工业废水。而那些污染比较严重，必须经过处理后才能排放的工业废水称为生产污水。

据中国环境年报统计，2015 年，在调查统计的 41 个工业行业中，废水排放量位于前4 位的行业依次为化学原料和化学制品制造业，造纸和纸制品业，纺织业，煤炭开采和洗选业。4 个行业的废水排放量为 82.6 亿吨，占重点调查工业企业废水排放总量的 45.5%。工业废水中的污染物主要包含固体污染物、需氧污染物、营养污染物、酸碱污染物、有毒污染物、油类污染物、生物污染物、感官污染物和热污染等。

（3）初期雨水

雨水比较清洁，一般不需要处理可直接排入水体，但降雨初期的雨水却挟带着空气中、地面上和屋顶上的各种污染物质，尤其是流经炼油厂、制革厂、化工厂等地区的雨水，可能含有这些工厂的污染物质，其污染程度不亚于生活污水。初期雨水受地域、季节和时间的影响，成分比较复杂。有些地区的初期污水的水质低于生活污水的水质。如果裸露的工业废弃物和生活垃圾经过雨水冲刷后，初期雨水的水质中污染物浓度更高。因此，流经这些地区的雨水，应经适当处理后才能排放到水体。

（4）城镇污水

有些城镇的生活污水、工业废水和初期雨水没有分开收集，这三种废水共同构成了城镇污水。所以，城镇污水的成分比较复杂，主要受当地排水方式以及生活污水和工业废水的排放量的影响。不同城镇间城镇污水不同，即使同一城市中不同城镇也有很大区别。

1.1.2　废水处理技术

废水的处理就是采用各种水处理技术和措施，将废水中所含的污染物质分离、回收、利用，或转化为无害和稳定的物质，使污水得到净化。

根据其处理原理可分为生物处理法、物理处理法、化学及物理化学处理法。

（1）物理处理法

物理处理法是利用物理的原理和方法去除水中悬浮的固体污染物，在处理过程中不改变其化学性质，主要包括筛滤法、沉淀法、气浮法、膜处理法等。

（2）化学及物理化学处理法

化学及物理化学处理法是利用化学反应的原理和方法，向污水中投加化学试剂，利用化学反应来分离、回收污水中的污染物质，或将污染物质转化为无害的物质，分离回收污水中的悬浮物、胶体及溶解物质，主要有混凝、中和、氧化还原、萃取、吸附、离子交换、电渗析、电解等方法。这种方法主要用于工业废水和污水的深度处理。化学法需要和物理法配合使用。在化学处理之后，需采用沉淀和过滤等物理手段作为化学处理的后处理。

（3）生物处理法

生物处理法是利用微生物降解污水中呈溶解和胶体状态的有机污染物，转化成稳定的小分子无害物质，从而使废水得以净化的方法。按照微生物的需氧性，生物处理法可分为好氧处理法和厌氧处理法。按照微生物的存在方式，可分为活性污泥法、生物膜法。和物理化学法相比，生物处理法具有投资少、效果好、运行费用低等优点，在城市废水和工业废水的处理中得到了最广泛的应用。

根据污水的处理目标和要求（表1-1），城镇污水再生处理技术主要包括常规处理、深度处理和消毒。常规处理包括一级处理、二级处理和二级强化处理（表1-2）。一级处理主要是去除污水中悬浮的粗大固体及悬浮物，主要应用物理法。二级处理和二级强化处理是污水经过一级处理后，采用活性污泥等生物处理法进一步去除污水中的悬浮性和溶解性有机物的处理过程，主要采用生物法。三级处理也称为深度处理，是在二级处理的基础上，采用化学混凝、沉淀、过滤等方法，进一步去除悬浮固体、胶体、病原微生物、色度和某些无机物的过程。三级处理主要以物理法、化学法及物理化学法为主，主要以污水再生回用为目标。消毒是再生水生产环节的必备单元，以灭活水中病原微生物为目的，可采用液氯、氯气、次氯酸盐、二氧化氯、紫外线、臭氧等技术或其组合技术。在污水再生处理工程中单独使用某项单元技术很难满足用户对水质的要求，应针对不同的水质要求采用相应的组合工艺进行处理（表1-3）。

表1-1　不同利用途径应重点关注的再生水水质指标

主要用途		应重点关注的水质指标
工业	冷却和洗涤用水	氨氮、氯离子、溶解性总固体（TDS）、总硬度、悬浮物（SS）、色度等指标
	锅炉补给水	TDS、化学需氧量（COD）、总硬度、SS 等指标
	工艺与产品用水	COD、SS、色度、嗅味等指标
景观环境	观赏性景观环境用水	营养盐及色度、嗅味等指标
	娱乐性景观环境用水	营养盐、病原微生物、有毒有害有机物、色度、嗅味等指标
绿地灌溉	非限制性绿地	病原微生物、浊度、有毒有害有机物、色度、嗅味等指标
	限制性绿地	浊度、嗅味等感官指标
农田灌溉	直接食用作物	重金属、病原微生物、有毒有害有机物、色度、嗅味、TDS 等指标
	间接食用作物	重金属、病原微生物、有毒有害有机物、TDS 等指标
	非食用作物	病原微生物、TDS 等指标
城市杂用		病原微生物、有毒有害有机物、浊度、色度、嗅味等指标
地下水回灌	地表回灌	重金属、TDS、病原微生物、SS 等指标
	井灌	重金属、TDS、病原微生物、有毒有害有机物、SS 等指标

表 1-2　再生水水质等级分类

等级	用途与水质要求	再生处理工艺（不含消毒）
1	用于与人体非接触的用水场合，对硬度和溶解性固体无要求	常规二级处理工艺、强化二级处理工艺
2	用于可能与人体接触，对硬度和溶解性固体有一定要求的场合	二级（强化）处理+（混凝-沉淀-过滤）。可去除部分硬度和溶解性固体，同时去除部分难降解可溶解性有机物、色度等
3	用于可能与人体接触，允许高硬度（含盐）的场合	二级（强化）处理+膜过滤。可去除难降解性有机物、色度和病原微生物
4	用于要求低含盐的用水场合	等级三出水+反渗透
5	用于低盐含量、要求无微量有毒有害污染物的用水场合	等级四出水+反渗透+离子交换/活性炭吸附/高级氧化

注：摘自胡洪营等（2013）。

表 1-3　污水再生利用主要单元技术功能和特点

单元技术			主要功能及特点
常规处理	一级处理		去除SS，提高后续处理单元的效率，主要包括格栅、沉砂池和初沉池
	二级处理		去除易生物降解有机污染物和SS，主要为生物处理工艺，如传统活性污泥法
	二级强化处理		强化营养盐（氮、磷）的去除，如厌氧/缺氧/好氧（AAO）工艺
深度处理	混凝沉淀		强化SS、胶体颗粒、有机物、色度和总磷（TP）的去除，保障后续过滤单元处理效果
	介质过滤	砂滤	进一步过滤去除SS、TP，稳定、可靠，但占地和水头损失较大
		滤布滤池	进一步过滤去除SS、TP，占地和水头损失较小
		生物过滤	进一步去除氨氮或总氮以及部分有机污染物
	膜处理	膜生物反应器	传统生物处理工艺与膜分离相结合以提高出水水质，占地小，成本较高
		微滤/超滤膜过滤	高效去除SS和胶体物质，占地小，成本较高
		反渗透	高效去除各种溶解性无机盐类和有机物，水质好，但对进水水质要求高，能耗较高
	氧化	臭氧氧化	氧化去除色度、嗅味和部分有毒有害有机物
		臭氧-过氧化氢	比臭氧具有更强的氧化能力，对水中色度、嗅味及有毒有害有机物进行氧化去除
		紫外线-过氧化氢	比臭氧具有更强的氧化能力，对水中色度、嗅味及有毒有害有机物进行氧化去除。比臭氧-过氧化氢反应时间长
消毒	氯消毒		有效灭活细菌、病毒，具有持续杀菌作用。技术成熟，成本低，剂量控制灵活可变。易产生卤代消毒副产物
	二氧化氯		现场制备，有效灭活细菌、病毒，具有一定的持续杀菌作用。产生亚氯酸盐等消毒副产物
	紫外线		现场制备，有效灭活细菌、病毒和原虫。消毒效果受浊度的影响较大，无持续消毒效果
	臭氧		现场制备，有效灭活细菌、病毒和原虫，同时兼有去除色度、嗅味和部分有毒有害有机物的作用。无持续消毒效果

1.1.3　废水的资源化

水是可再生的、能重复使用的资源，人类一直在循环用水。人类排放的废水经过自然的混合、生物降解、沉淀等净化，供人类再次使用。废水的资源化就是人类采用一定的技术加速自然的净化过程，提高水在社会中的停留时间，是提高水资源利用率的一项重要措施。

废水资源化利用是指污水经无害化处理达到特定水质标准后，作为再生水替代常规水资源，用于工业生产、市政杂用、居民生活、生态补水、农业灌溉、回灌地下水等，以及从污水中提取其他资源和能源。

废水作为第二水资源，具有水量稳定、水质可控、就近可用等优势，开发利用潜力巨大。积极推进污水资源化利用，既能缓解水供需矛盾，又能减少水污染，恢复水生态安全，是推动我国经济社会绿色转型的有力举措，对实现高质量发展、构建新发展格局具有重大意义。污水的资源化是解决水资源短缺的重要措施，也是一条成本低、见效快的重要途径。2018 年全国再生水利用量为 $85.5 \times 10^8 m^3$，占全国污水排放量的 11%～15%。北京 2018 年污水再利用量达到 $10.7 \times 10^8 m^3$，占全市用水量的 27.4%，污水再生利用率达到 56.3%，相当于 2018 年南水北调供水量的 53%（徐傲等，2020）。在美国佛罗里达州的圣彼得堡，作为完全实现污水循环利用的大城市，将再生水用于灌溉公园、绿地、草坪和清洗车辆等用水标准较低的区域（领域），其价格为自来水价格的 40% 左右。再如，日本东京的再生水 40% 用于环境用水、40% 用于工业用水、8% 用于绿化灌溉。

目前，虽然我国废水处理和水污染治理取得了卓越成效，但废水资源化利用尚处于起步阶段，再生水利用量不到城镇污水排放量的 15%，发展不充分，利用水平不高，与建设美丽中国的需要还存在不小差距。我国的目标是到 2025 年，全国污水收集效能显著提升，县城及城市污水处理能力基本满足当地经济社会发展需要，水环境敏感地区污水处理基本实现提标升级；全国地级及以上缺水城市再生水利用率达到 25% 以上，京津冀地区达到 35% 以上；工业用水重复利用、畜禽粪污和渔业养殖尾水资源化利用水平显著提升；污水资源化利用政策体系和市场机制基本建立。到 2035 年，形成系统、安全、环保、经济的污水资源化利用格局。

再生水的定义有多种解释，在污水工程方面称为"再生水"，工厂方面称为"回用水"，有时也叫"中水"，一般以水质作为区分的标志。"中水"来源于日本，其水质介于"下水"和"上水"之间。根据《城市污水再生利用　城市杂用水水质》（GB/T 18920—2020），本书将再生水定义为，废水经适当再生工艺处理后，达到一定水质要求，满足某种使用功能要求，可以进行有益使用的水。这里的废水指生产和生活中产生的废水，包括生活污水、工业废水、初期雨水和城镇污水等。

根据我国《城市污水再生利用　分类》（GB/T 18919—2002），污水处理后资源化利用几大方向包括：补充水源（补充地表水和地下水），工业用水（冷却用水、洗涤用水、锅炉用水、工艺用水、产品用水），农林牧渔用水（农田灌溉，造林育苗，农场、牧场、水产养殖），城镇杂用（园林绿化、冲厕、街道清扫、车辆冲洗、建筑施工、消防），景观用水（娱乐性景观环境用水、观赏性景观环境用水、湿地环境用水）（表1-4）。

水利部水务管理年报显示，2016 年农林牧渔业用水、城市杂用水、工业用水、环境用水和补充水源用水分别占城市污水再生水回用的比例为 4.7%、5.9%、27.8%、60.9%、0.7%。

传统用水大户的农业用水在再生水利用程度上显得并不突出，再生水农田灌溉量最多的区域为华北地区，再生水总量占农田灌溉用水的 47.3%（符家瑞等，2021）。和其他用途相比，再生水中仍然含有一定量的污染物质，如不加以处理就进行农田灌溉可能会导致土壤、作物、地表与地下水污染，甚至对人体健康产生影响。

表1-4　城市污水再生利用类别

序号	分类	范围	示例
1	农、林、牧、渔业用水	农田灌溉	种子与育种、粮食与饲料作物、经济作物
		造林育苗	种子、苗木、苗圃、观赏植物
		畜牧养殖	畜牧，如家畜、家禽
		水产养殖	淡水养殖
2	城市杂用水	城市绿化	公共绿地、住宅小区绿化
		冲厕	厕所便器冲洗
		道路清扫	城市道路的冲洗及喷洒
		车辆冲洗	各种车辆冲洗
		建筑施工	施工工地清扫、浇洒、灰尘抑制、混凝土制备与养护、施工中的混凝土构件和建筑物冲洗
		消防	消火栓、消防水炮
3	工业用水	冷却用水	直流式、循环式
		洗涤用水	冲渣、冲灰、消烟除尘、清洗
		锅炉用水	中压、低压锅炉
		工艺用水	溶料、水浴、蒸煮、漂洗、水力开采、水力输送、增湿、稀释、搅拌、选矿、油田回注
		产品用水	浆料、化工制剂、涂料
4	环境用水	娱乐性景观环境用水	娱乐性景观河道、景观湖泊及水景
		观赏性景观环境用水	观赏性景观河道、景观湖泊及水景
		湿地环境用水	恢复自然湿地、营造人工湿地
5	补充水源水	补充地表水	河流、湖泊
		补充地下水	水源补给、防止海水入侵、防止地面沉降

用于城市杂用的再生水占再生水总量的比例较低，其中，绿地灌溉用再生水在城市杂用水中占比相对较大，其水质指标须满足《城市污水再生利用　绿地灌溉水质》（GB/T 25499—2010）的要求。根据该标准，城市绿地分为限制性绿地和非限制性绿地，并分别作了限值规定。《城市污水再生利用　景观环境用水水质》（GB/T 18921—2019）将景观环境用水分为观赏性景观环境用水和娱乐性景观环境用水两类。

在工业用水中，电厂循环冷却水用量大，水质要求不高，但是再生水中有机物、氮、磷、氯化物、硫酸盐等含量比地下水高，所以在用作循环冷却水系统的补充水时，需进一步处理。火电厂循环冷却水系统耗水量约占总耗水量的70%。

一些用水量较大、对水质要求不高的单位和地区，将优先使用处理后的污水。如东京鼓励政府大楼、学校、医院、酒店等新建公共设施和大型建筑物安装雨水收集利用系统，屋顶设置雨水收集过滤设施，用于厕所、冷气设备、浇花、洗车、房屋清洁等，大大降低了自来水供应量。其中，工业冷却、农田灌溉及市政杂用是最具有潜力的污水回用方式。以北京为例，再生水作为北京市第二水源，生产用水占比6.0%，主要用于电厂冷却水；生态用水占比92.0%，其中圆明园、龙潭湖、奥林匹克公园等公园湖泊等都采用再生水；城市杂用占比2.0%，广泛应用于北京市的绿化灌溉、道路喷洒、施工压尘、洗车、建筑、冲厕等（徐傲等，2020）。北京市实施"引温济潮"工程将处理后的再生水调至潮白河，通过河床入渗补给地下水，是我国典型的用再生水回灌地下水的工程案例。

再生水可以作为城市饮用水的第二水源，可以采用直接补充饮用水、无计划间接补充饮用水和有计划间接补充饮用水3种方式（杨扬等，2012）。纳米比亚首都温得和克市从1968年起将再生水直接补充饮用水，将再生水与水库水按1∶3.5的比例混合，经过处理后，又与其他天然饮用水水源混合作为饮用水。无计划间接补充饮用水是上游城市处理后的污水排入江河湖泊中，下游城市直接从这些水体中抽取作为水源水。有计划间接补充饮用水是将城市再生水排到地表或地下水源地中，与地表水或地下水混合，然后作为饮用水源。世界卫生组织于2017年8月首次发布了《再生水饮用回用：安全饮用水生产指南》，旨在为各国开展再生水饮用回用规划、设计、运行、管理和系统评价等工作提供技术指导，逐步引导并规范再生水饮用回用的广泛、深入和可持续发展。

2021年，国家发展改革委联合科技部、工业和信息化部、财政部、自然资源部、生态环境部等十部门共同印发的《关于推进污水资源化利用的指导意见》中指出，污水资源化利用的重点领域包括城镇生活污水、工业废水、农业农村污水等三方面。

（1）城镇生活污水资源化利用

丰水地区结合流域水生态环境质量改善需求，科学合理确定污水处理厂排放限值，以稳定达标排放为主，实施差别化分区提标改造和精准治污。缺水地区特别是水质型缺水地区，在确保污水稳定达标排放的前提下，优先将达标排放水转化为可利用的水资源，就近回补自然水体，推进区域污水资源化循环利用。资源型缺水地区实施以需定供、分质用水，合理安排污水处理厂网布局和建设，在推广再生水用于工业生产和市政杂用的同时，严格执行国家规定水质标准，通过逐段补水的方式将再生水作为河湖湿地生态补水。具备条件的缺水地区可以采用分散式、小型化的处理回用设施，对市政管网未覆盖的住宅小区、学校、企事业单位的生活污水进行达标处理后实现就近回用。据统计，2017年，全国城镇生活污水排放占污水排放总量的比例在74%左右，并且这一比例还在逐年小幅攀升。城镇污水水量大，来源稳定，再生处理工艺日趋成熟，再生潜力巨大。

（2）工业废水资源化利用

开展企业用水审计、水效对标和节水改造，推进企业内部工业用水循环利用，提高重复利用率。推进园区内企业间用水系统集成优化，实现串联用水、分质用水、一水多用和梯级利用。完善工业企业、园区污水处理设施建设，提高运营管理水平，确保工业废水达标排放。开展工业废水再生利用水质监测评价和用水管理，推动地方和重点用水企业搭建工业废水循环利用智慧管理平台。工业用水中工业冷却水对水质要求较低，是应用潜力最大的方向；而锅炉用水要求较高，处理工艺复杂。

（3）农业农村污水资源化利用

积极探索符合农村实际、低成本的农村生活污水治理技术和模式。根据区域位置、人口聚集度选用分户处理、村组处理和纳入城镇污水管网等收集处理方式，推广工程和生态相结合的模块化工艺技术，推动农村生活污水就近就地资源化利用。推广种养结合、以用促治方式，采用经济适用的肥料化、能源化处理工艺技术促进畜禽粪污资源化利用，鼓励渔业养殖尾水循环利用。农业用水占全国用水总量的比例高达 62%，每年用于农业灌溉的水约为 $3775 \times 10^8 \text{m}^3$。由于农业灌溉用水量大，水质要求低，农业灌溉成为再生水的重要利用方式。农田灌溉用水水质要求较低，纤维作物、旱地谷物要求城市污水达到一级强化处理，水田谷物、露地蔬菜要求达到二级处理。生活污水中含有氮、磷等营养物质，如果再生水作为农业回用就有可能省去脱氮除磷的环节或者降低处理要求，既提高了肥效，又降低了处理费用。

1.2 废水处理相关法规与标准解读

1.2.1 环境法规

（1）国家法规

解决水污染控制问题的关键之一是建立健全相应的法规和标准体系。我国在 1979 年就通过了我国第一部环境保护法律——《中华人民共和国环境保护法（试行）》，1989 年通过了《中华人民共和国环境保护法》，这是我国环境保护的基本法，对我国环境保护起着重要的指导作用。我国环境保护法明确规定了"预防为主与防治结合"的原则，"谁污染，谁治理"的原则，"环境影响报告书制度"及"三同时"（制度建设项目中环境保护设施必须与主体工程同步设计、同时施工、同时投产使用）。1984 年 5 月 11 日通过的《中华人民共和国水污染防治法》是环保法体系中水污染防治的专门法律。

《征收排污费暂行办法》是 1982 年由国务院颁布实施的，是"谁污染，谁治理"原则的具体体现。此办法有关废水的规定是：超过国家规定标准排放污染物，要按照排放污染物的数量和浓度，根据规定收取超标排污费。我国排污收费的基本政策是：收费不免除治理责任；排污费强制征收；累进制收费；新污染源收费从严；过失排污、违章处罚；排污费与超标排污费同时征收；排污费可计入生产成本；排污费专款专用；排污费补助；排污费有偿使用等十项原则。

2006 年，为推动城市污水再生利用技术进步，明确城市污水再生利用技术发展方向和技术原则，指导各地开展污水再生利用规划、建设、运营管理、技术研究开发和推广应用，促进城市水资源可持续利用与保护，积极推进节水型城市建设，建设部、科学技术部联合制定《城市污水再生利用技术政策》。同时，国家相继印发实施了《建筑中水设计标准》《建筑给水排水设计标准》《室外排水设计标准》等国家标准，水利部颁布水利行业标准《再生水水质标准》。

2012 年，我国颁布了《城镇污水再生利用技术指南（试行）》，提出集中型城镇污水再生利用应遵循以下基本原则：

① 城镇污水再生利用规划应以系统调研和现状分析为基础，包括污水水源、城镇污水排放和处理情况、城镇再生水生产与使用现状等，并对制约城镇污水再生利用的各种因素进行分析，明确需要重点解决的问题。

② 城镇污水再生利用规模与布局应根据城镇的自身特点和客观需求确定。资源型缺水城镇应以增加水源为主要目标，水质型缺水城镇应以削减水污染负荷、提高城镇水环境质量和改善人居环境为主要目标。

③ 再生水应优先用于需水量大、水质要求相对较低、综合成本低、经济和社会效益显著的用水领域。选择处理工艺时应考虑不同再生水利用途径水质需求的差异，以及从常规处理到深度处理和后续消毒工艺流程的整体性，同时需兼顾远期发展的需要。

2015 年 4 月 16 日，我国正式颁布被称为"水十条"的《水污染防治行动计划》，对环保工作提出了更高的要求和更严峻的挑战，以"治理水污染、保护水环境"为主题，明确提出促进再生水利用，加强工业水循环利用。推进矿井水综合利用，煤炭矿区的补充用水、周边地区生产和生态用水应优先使用矿井水，加强洗煤废水循环利用。鼓励钢铁、纺织印染、造纸、石油石化、化工、制革等高耗水企业废水深度处理回用。《水污染防治行动计划》要求以缺水及水污染严重地区城市为重点，完善再生水利用设施，工业生产、城市绿化、道路清扫、车辆冲洗、建筑施工以及生态景观等用水，要优先使用再生水。推进高速公路服务区污水处理和利用。具备使用再生水条件但未充分利用的钢铁、火电、化工、制浆造纸、印染等项目，不得批准其新增取水许可。自 2018 年起，单体建筑面积超过 2 万平方米的新建公共建筑，北京市 2 万平方米、天津市 5 万平方米、河北省 10 万平方米以上集中新建的保障性住房，应安装建筑中水设施。积极推动其他新建住房安装建筑中水设施。到 2020 年，缺水城市再生水利用率达到 20% 以上，京津冀区域达到 30% 以上。

此外，我国现行的水资源保护方面的法律和法规主要有：《中华人民共和国水法》《清洁生产促进法》《取水许可证制度实施办法》《中华人民共和国水土保持法》《中华人民共和国渔业法》《水功能区监督管理办法》《饮用水水源保护区污染防治管理规定》《中华人民共和国水污染防治法实施细则》。

（2）地方法规

一些地方也颁布实施了再生水利用的地方法律和法规。北京市于 1987 年颁布的《北京市中水设施建设管理试行办法》中规定，全市面积超过 $2 \times 10^4 m^2$ 的宾馆、饭店和面积超过 $3 \times 10^4 m^2$ 的其他公共建筑都需进行中水设施配套建设。2010 年实施了《北京市排水和再生水管理办法》。北京市先后制定了两个三年治污行动计划，即《北京市加快污水处理和再生水利用设施建设三年行动方案（2013—2015 年）》和《北京市进一步加快推进污水治理和再生水利用工作三年行动方案（2016 年 7 月—2019 年 6 月）》。与国家政策相比，北京市的相关法规政策更加严格和更具有强制性。如北京市强制使再生水输配管线覆盖区域内中心的 9 家热电厂，用再生水替代了地下水作冷却水使用；2010 年 11 月，《北京市水污染防治条例》要求景观环境用水杜绝使用自来水及地下水。

天津市 2003 年颁布了《天津市城市排水和再生水利用管理条例》，2020 年颁布《天津市再生水利用管理办法》。

1.2.2　环境标准

为统一城市污水再生后回用，以便做到既利用污水资源，又能切实保证生活杂用水的安全和适用，我国制定了一系列回用水水质标准，包括《城市污水再生利用 分类》（GB/T 18919—2002），《城市污水再生利用 城市杂用水水质》（GB/T 18920—2020）（表 1-5），《城市污水再生利用 工业用水水质》（GB/T 19923—2005）（表 1-6），《城市污水再生利用 景观环境用水水质》（GB/T 18921—2019）（表 1-7），《城市污水再生利用 补充水源水质》（GB/T 18920—2002），（《城市污水再生利用 农田灌溉用水水质》（GB 20922—2007）（表 1-8），《城市污水再生利用 地下水回灌水质》（GB/T 19772—2016），《循环冷却水用再生水水质标准》（HG/T 3923—2007）等。

表 1-5　城市污水再生利用城市杂用水水质标准

项目		冲厕、车辆冲洗	城市绿化、道路清扫、消防、建筑施工
pH 值		6.0～9.0	6.0～9.0
色度 铂钴色度单位	≤	30	30
嗅		无不快感	无不快感
浊度/NTU	≤	5	10
五日生化需氧量（BOD₅）/（mg/L）	≤	10	10
氨氮/（mg/L）	≤	5	8
阴离子表面活性剂/（mg/L）	≤	0.5	0.5
铁/（mg/L）	≤	0.3	—
锰/（mg/L）	≤	0.1	
溶解性总固体/（mg/L）	≤	1000（2000）①	1000（2000）①
溶解氧/（mg/L）	≤	2	2
总氯/（mg/L）		1.0（出厂），0.2（末端）	1.0（出厂），0.2（末端）
大肠埃希菌/（MPN/100mL）或（CFU/100mL）②		无	无

① 用于城市绿化时，不应超过 2.5mg/L。

② 大肠埃希菌不应检出。

注：“—”表示对此项无要求。

表 1-6　城市污水再生利用工业用水水质标准

控制项目	冷却用水		洗涤用水	锅炉补给水	工艺与产品用水
	直流冷却水	敞开式循环冷却水系统补充水			
pH 值	6.5～9.0	6.5～8.5	6.5～9.0	6.5～8.5	6.5～8.5
悬浮物（SS）/（mg/L）	≤30	—	≤30	—	—
浊度/NTU	—	≤5	—	≤5	≤5

控制项目	冷却用水		洗涤用水	锅炉补给水	工艺与产品用水
	直流冷却水	敞开式循环冷却水系统补充水			
色度/度	≤30	≤30	≤30	≤30	≤30
生化需氧量（BOD_5）/（mg/L）	≤30	≤10	≤30	≤10	≤10
生化需氧量（COD_{Cr}）/（mg/L）	—	≤60	—	≤60	≤60
铁/（mg/L）	—	≤0.3	≤0.3	≤0.3	≤0.3
锰/（mg/L）	—	≤0.1	≤0.1	≤0.1	≤0.1
氯离子/（mg/L）	≤250	≤250	≤250	≤250	≤250
二氧化硅（SiO_2）	≤50	≤50	—	≤30	≤30
总硬度（以 $CaCO_3$ 计）/（mg/L）	≤450	≤450	≤450	≤450	≤450
总碱度（以 $CaCO_3$ 计）/（mg/L）	≤350	≤350	≤350	≤350	≤350
硫酸盐/（mg/L）	≤600	≤250	≤250	≤250	≤250
氨氮（以 N 计）/（mg/L）	—	≤10①	—	≤10	≤10
总磷（以 P 计）/（mg/L）	—	≤1	—	≤1	≤1
溶解性总固体/（mg/L）	≤1000	≤1000	≤1000	≤1000	≤1000
石油类/（mg/L）	—	≤1	—	≤1	≤1
阴离子表面活性剂/（mg/L）	—	≤0.5	*	≤0.5	≤0.5
余氯②/（mg/L）	≥0.05	≥0.05	≥0.05	≥0.05	≥0.05
粪大肠菌群/（个/L）	≤2000	≤2000	≤2000	≤2000	≤2000

① 当敞开式循环冷却水系统换热器为铜质时，循环冷却系统中循环水的氨氮指标应小于 1mg/L。

② 加氯消毒时管末梢值。

表1-7 城市污水再生利用景观环境用水水质标准

项目	观赏性景观环境用水			娱乐性景观环境用水			景观湿地环境用水
	河道类	湖泊类	水景类	河道类	湖泊类	水景类	
基本要求	无漂浮物，无令人不愉快的嗅和味						
pH 值（无量纲）	6.0～9.0						
五日生化需氧量 BOD_5/（mg/L）	≤10	≤6		≤10	≤6		≤10
浊度/NTU	≤10	≤5		≤10	≤5		≤10
总磷（以 P 计）/（mg/L）	≤0.5	≤0.3		≤0.5	≤0.3		≤0.5
总氮（以 N 计）/（mg/L）	≤15	≤10		≤15	≤10		≤15
氨氮（以 N 计）/（mg/L）	≤5	≤3		≤5	≤3		≤5
粪大肠菌群/（个/L）	≤1000			≤1000		≤3	≤1000
余氯/（mg/L）	—					0.05～0.1	—
色度/度	≤20						

注：1. 未采用加氯消毒方式的再生水，其补水点无余氯要求。

2. "—"表示对此项无要求。

表 1-8 农田灌溉用水基本控制项目及水质指标最大限值

基本控制项目	灌溉作物类型			
	纤维作物	旱地谷物 油料作物	水田谷物	露地蔬菜
生化需氧量 BOD_5/（mg/L）	100	80	60	40
化学需氧量 COD_{Cr}/（mg/L）	200	180	150	100
悬浮物/（mg/L）	100	90	80	60
溶解氧/（mg/L）	0.5			
pH 值（无量纲）	5.5 ~ 8.5			
溶解性总固体/（mg/L）	非盐碱地区 1000，盐碱地区 2000			1000
氯化物/（mg/L）	350			
硫化物/（mg/L）	1.0			
余氯/（mg/L）	1.5		1.0	
石油类/（mg/L）	10		5.0	1.0
挥发酚/（mg/L）	1.0			
阴离子表面活性剂/（mg/L）	8.0		5.0	
汞/（mg/L）	0.001			
镉/（mg/L）	0.01			
砷/（mg/L）	0.1		0.05	
铬（六价）/（mg/L）	0.1			
铅/（mg/L）	0.2			
粪大肠菌群/（个/L）	40000			20000
蛔虫卵数/（个/L）	2			

第**2**章 水质监测

2.1 水污染及水质监测

2.1.1 水质因子筛选

再生水中的污染物有很多，可以根据污染的性质划分为化学型污染、物理型污染和生物型污染。再生水需要监测的水质因子的选择原则主要有：①应选择具有广泛代表性的、综合性强的水质监测项目，例如 COD、浊度、悬浮物等；②根据具体情况有针对性选择，比如生物学指标，重金属等；③根据国家和行业标准来选择相关指标。

总的来说，再生水需要监测的指标可以分为常规物理化学指标、生物学指标、特征污染物指标、生物毒性指标和生态效应指标（胡洪营等，2011）。常规物理化学指标主要有浑浊度、pH 值、化学需氧量、生化需氧量、色度和臭味度等。由于再生水越来越多用于间接利用场合，为了确保再生水的安全，防止流行病的传播，有必要监测生物学指标，主要是细菌、病毒和寄生虫。全面系统地监测再生水中的病原微生物的过程复杂，也没有必要，可以选择人和其他温血动物粪便中常见的病原微生物来评价再生水的污染程度和处理效果。通常用总大肠杆菌数和粪大肠杆菌数来指示消毒的效果。

特征污染物指标主要指再生水中有毒有害的污染物和化学特性综合指标。有毒有害的污染物主要包含重金属、持久性有机污染物、内分泌干扰物、药品和个人护理品等。

化学特性综合指标主要包含总有机卤化物、可吸附性有机卤化物等。在消毒的过程中，尤其是氯消毒，会产生很多消毒副产物，如三卤甲烷类化合物，卤代乙腈类化合物，卤代醛、酮等。其中三卤甲烷和卤代乙酸是氯化消毒过程中形成的最主要的消毒副产物。其他一些新兴的消毒副产物，如碘代三卤甲烷、卤代乙腈、卤代酮和三氯硝基甲烷具有更高的毒性、致癌性和致突变性，应引起重视。如果采用氯胺消毒，会产生卤代乙腈等含氮的毒性更强的消毒副产物。有机卤代物种类繁多，大多具有持久性和生物累积性，且具有致畸性、致癌性和致突变性。由于有机卤化物种类多，来源广，难以用一种方法检测。目前，通常使用可吸附性有机卤代物综合表征有机卤代物总量。一些发达国家已经对综合排放废水中的可吸附性有机卤代物制定了严格的排放标准，我国也从 1996 年开始陆续针对综合排放废水以及造纸、纺织染整、麻纺等行业废水制定了可吸附性有机卤代物排放标准。2003年实施的《城镇污水处理厂污染物排放标准》（GB 18918—2002）中推荐将可吸附性有机卤代物作为水污染选择控制指标和污泥农用污染物控制指标。

复杂多样的废水经过处理后，虽然出水能够达到现有的排放标准，但是再生水中积累的物质逐渐增多，可能引起各种综合污染和复合毒性。生物毒性作为一项评价水质的综合生物学指标，是传统水质评价的重要补充，可直观反映出再生水中多种污染物的综合毒性，对保证再生水安全及水生态环境具有重要意义。传统生物毒性检测法是以指示剂颜色变化、电极传递电流信号变化、藻类及发光细菌的发光度变化、水生生物急性毒性测试方法等表征指标来表示的。该方法可以检测再生水的综合毒性，可有效评价再生水的生物毒性。其中，发光细菌毒性试验是水质毒性检测技术中最为成熟的方法之一。在线检测生物毒性的设备，以检测荧光度、电流强度等指标为主，提高了生物毒性的监测效率。

2.1.2　水质监测分析方法

正确选择监测分析方法是获得准确结果的关键之一。对于水质监测项目，选择分析方法的原则是：方法灵敏度和准确度能满足定量要求；方法成熟，操作简便和抗干扰能力好。根据上述原则，为使监测数据具有一致性和可比性，我国在大量研究和应用的基础上，对各类水体中的不同污染物质都编制了相应的水环境监测规范和标准分析方法。我国现有的监测分析方法根据成熟程度分为以下三个层次，它们相互补充，构成完整的监测分析方法体系。

（1）标准分析方法

我国已编制大量水质标准分析方法，包括国家和行业标准分析方法（详见生态环境部科技标准网和水利部科技标准网），这些都是比较经典、准确度较高的方法，是环境污染纠纷法定的仲裁方法，也是评价其他分析方法的基准方法。除此以外，还有行业标准、地方标准等。

（2）统一分析方法

有些水质项目的监测方法还不够成熟，没有形成国家标准，但又需要测定，因此，这些方法经过研究后，可以作为统一方法使用，在实践中积累经验，不断改进，使其快速成为国家标准方法。

（3）等效方法

与（1）类和（2）类方法的灵敏度、准确度具有可比性的分析方法称为等效方法。这类方法可能采用新方法和新技术，应和标准方法验证和对比后才可以使用。

根据监测原理，水质监测方法主要有化学法、电化学法、原子吸收分光光度法、离子色谱法、气相色谱法、等离子体发射光谱（ICP-AES）法等。其中，化学法（包括重量法和容量滴定法）和原子吸收分光光度法是水质常规监测中常用的监测方法。

在选择监测方法时，应遵循以下原则：①优先选择国家标准监测方法，这是因为环境执法和环境纠纷中必须要使用国家标准分析法；②对于没有"标准"和"统一"的水质监测项目，可采用其他国家或组织制定的标准方法，如国际标准化组织、美国环境保护署等制定的等效分析法；③方法简单，准确度和灵敏度高的方法。

2.1.3　水质监测方案制订

水中的污染物有很多，在制订监测方案时，首先要调查废水的类型、排放量、主要污染物等；然后根据废水回用标准确定监测项目、监测点位、监测频率和具体监测方法等；再根据废水再生利用标准，监测必须监测的基本控制项目；最后根据污染物的类别和回用要求确定其他选择控制项目。

在采用组合工艺处理废水时，采样点的布设和生产工艺有关，应选在每个工艺的进出水口。根据我国《污水综合排放标准》（GB 8978—2002），对于水质稳定的废水可根据生产周期确定采样时间和频率，生产周期小于 8h 的每 2 小时监测一次；大于 8h 的，每 4 小时监测一次；其他废水每 24 小时不少于 2 次。

2.2　水质指标测定

2.2.1　水的感官物理性状

（1）水温

水温影响水的物理化学性质，如密度、黏度、水中溶解性气体（如氧、二氧化碳等）的溶解度、水生生物和微生物活动、盐度、pH 值等。因此，水温的测量对水体自净、热污染判断和水处理效果的监控都有重要的意义。废水的温度主要受气温和废水来源的影响，其中工业类型和生产工艺的影响较大。

水温测量应在现场进行，可测定表层水温和深层水温。常用的测量仪器有水温计、颠倒温度计和热敏电阻温度计。水温计应定期校核。

① 水温计。适用于测量水的表层温度。水温计中的水银温度表安装于金属半圆槽壳内，下端连接贮水杯，使温度表球部悬于杯中。通常测量范围为 -6～+40℃，精度为 0.2℃。使用时将水温计插入一定深度的水中，放置 5min 后，迅速提出水面并读取温度值。当气温与水温相差较大时，尤应注意立即读数，避免受气温的影响。必要时，重复测定一次。用水温计测量时应注意气温的影响，当现场气温温度高于 35℃或低于 -30℃时，水温计在水中的停留时间要适当延长，以达到温度平衡；在冬季的东北地区读数应在 3s 内完成，否则水温计表面形成一层薄冰，影响读数的准确性。水温计适用于水深 40m 以内的水温测量。

② 颠倒温度计（闭式）。颠倒温度计专用于测量海洋或湖泊表层以下各水层的温度，其性能可靠，准确度高达 ±0.02℃，适用于测量水深在 40m 以上的各层水温。颠倒温度计是将主温表和辅温表组装在厚壁玻璃套管内构成的特殊玻璃水银温度表，套管两端完全封闭。主温表测量范围 -2～+32℃，最小分度为 0.10℃，用于测量水温。辅温表测量范围为 -20～+50℃，最小分度为 0.5℃，用于测定读取水温时的气温，用来校正因环境温度改变而引起的主温表的变化。由于其特殊的结构和制作方法，在现场观测时，当颠倒温度计取上来后，温度表示数仍为颠倒处当时的温度和深度。颠倒温度计需装在颠倒采水器上使用。测量时，颠倒温度计随颠倒采水器沉入水层，放置 10min 后提出水面立即读数，根据主温表和辅温表的读数，校正后获得实际水温。

（2）色度

色度是对水进行颜色定量测定时的指标，即水样颜色的定量程度。纯净水是无色透明的，天然水经常显示出浅黄、浅褐、黄绿等不同颜色。产生颜色的原因是溶于水的腐殖质、有机物质、无机物质或有生物存在。工业废水中常含有染料、色素等，当水体受到工业废水的污染时也会呈现不同的颜色。水的颜色分为真色和表色，真色是除去水中悬浮物后的颜色，表色是没有除去水中悬浮物时产生的颜色。真色是由水中溶解性物质引起的，对于色度深的工业废水，真色和表色差别较大。而浊度较低的水，真色和表色相差较小。一般色度指水的真色，色度常用的测定方法包括铂钴标准比色法和稀释倍数法。

铂钴标准比色法即用氯铂酸钾（K_2PtCl_6）和氯化钴（$CoCl_2 \cdot 6H_2O$）配制成测色度的标准溶液，目视比色测定水样色度。规定 1L 水中含 1mg 的铂和 0.5mg 的钴时的颜色为 1 个色度单位，称为 1 度。因为氯铂酸钾价格较贵，可用重铬酸钾代替氯铂酸钾，用硫酸钴代替氯化钴来配制标准色度。即使轻微的浑浊也会干扰测定，可先离心使之清澈后再测定。

因为标准色列为黄色，该法只适合饮用水或水源水的测定。如果水样是其他颜色，不能和标准色度比色，可用文字描述颜色和色度，比如深红色、浅蓝色等。

稀释倍数法。该方法适用于受工业废水污染的地面水和工业废水颜色的测定。测定时，应取一定量水样去除树叶、枯枝等杂物后，先用文字描述水样颜色的种类和深浅程度，如深红色、浅绿色、浅棕色等。然后用蒸馏水稀释到刚好看不到颜色，根据稀释倍数记录该水样的色度，单位是"倍"。所取水样应尽快测定，否则应在 4℃ 保存。

（3）臭和味

清洁的水是无臭、无味、无色透明的液体。但被污染的水体，常会有使人感觉不正常的气体。用鼻闻到的称为臭，用口尝到的称为味，这是人类对水的美学评价的感官指标。水中的臭味主要来源于水中的水生动物、植物或微生物的繁殖和腐烂，水中有机物质的腐败分解，排入水体的工业废水所含的杂质，如石油、酚类等，以及消毒过程中加入的氯气等。

臭和味的测定方法主要是定性描述法和阈值法，采样后应在 6h 内测定。

① 文字描述法。臭：嗅辨。味：尝。量取 100mL 水样置于 250mL 锥形瓶内，分别调节温度至 20℃ 震荡和煮沸后稍冷，从瓶口闻水的味道，用适当的词语描述臭的特征，比如芳香、霉烂、臭鸡蛋味等，并按表 2-1 确定等级。

只有清洁的水和对人体无害的水才能检验味。量取 100mL 水样置于 250mL 锥形瓶内，调节温度至 20℃，煮沸后稍冷，放入口中尝其味道，用适当的词语描述味的特征，比如酸、甜、苦、辣等，并参照表 2-1 确定等级。

② 阈值法。用无臭水稀释水样，直至闻出最低可辨别臭气的浓度，表示臭的阈值。臭阈值（TON）=（水样体积+无臭水体积）/水样体积。臭阈值越大说明污染越严重。测定时，将水样用无臭水在具塞锥形瓶中配制系列稀释水样，在水浴上加热至（60±1）℃，振荡 2~3 次，打开瓶塞，闻其气味，与无臭水比较，确定刚好闻出臭味的稀释水样的稀释倍数，计算臭阈值。如水样含余氯，应在脱氯前后各检验一次。

为消除不同检验人员对臭的敏感程度的差异，应选择 5 名以上嗅觉灵敏的检验人员同时检验，取其检验结果的几何平均值作为最终结果。同时应要求检验人员在检臭前避免外来气味的刺激。可直接将蒸馏水煮沸后作为无臭水，也可用颗粒活性炭过滤自来水制取。自来水中如果含有余氯，可以用硫代硫酸钠溶液滴定去除。

表 2-1 臭强度等级

等级	强度	说明
0	无	无任何气味
1	微弱	一般人难以察觉，嗅觉灵敏者可以察觉
2	弱	一般人刚能察觉
3	明显	已能明显察觉
4	强	有显著的臭味
5	很强	有强烈的恶臭和异味

（4）浊度

浊度是由于不溶性物质的存在而引起液体的透明度降低的一种量度，它包括悬浮物对光的散射和溶质分子对光的吸收。水中常常含有固体颗粒物（泥沙、有机物、无机物、浮游藻类等）和胶体颗粒物等悬浮物。水中悬浮物的种类、含量、大小、形状、反射和折射系数都影响水的浊度。

浊度的测定方法主要有目视比浊法、分光光度法与浊度计法。

① 目视比浊法。原理是将水样与由硅藻土（或白陶土）配制的浊度标准液进行比较，规定相当于 1mg 一定粒度的硅藻土（白陶土）在 1000mL 水中所产生的浊度，称为 1 度。该方法适用于饮用水和水源水等低浊度的水，最低检测浊度为 1 度。

测量时首先称取通过 0.1mm 筛孔（150 目）的烘干硅藻土，用蒸馏水配制成浊度标准储备液。然后根据水样浊度的高低，用具塞无色比色管或具塞无色玻璃瓶逐级配制浊度标准溶液。将浊度标准溶液和等体积摇匀（稀释）的水样置于相同的比色管中，并进行比较。可在黑色度板上，由上往下垂直观察。根据目标清晰程度，选出与水样产生视觉效果相近的标准液，记下其浊度值。

② 分光光度法。其原理是在适当温度下，硫酸肼与六亚甲基四胺聚合，形成白色高分子聚合物。以此作为浊度标准液，系列稀释并在 680nm 下测定吸光度，然后与水样浊度相比较，计算浊度，单位为散射浊度单位（NTU）。浊度（度）= 稀释后水样的浊度（度）×（稀释水体积 + 原水样体积）/原水样体积。该方法适用于天然水和饮用水的浊度测定。

测定时吸取 5.00mL 的硫酸肼溶液（10mg/mL）与 5.00mL 六亚甲基四胺溶液（100mg/mL）于 100mL 容量瓶中，混匀。于（25±3）℃下静置反应 24h。此溶液浊度为 400 度，可保存一个月。冷却后用水稀释并做标线，根据标准曲线计算水样的浊度。

③ 浊度计法。浊度计有散射光式、透射光式和透射散射光式等，统称光学式浊度计。其原理为当光线照射到液面上，入射光强、透射光强、散射光强相互之间比值和水样浊度之间存在一定的相关关系，通过测定透射光强、散射光强和入射光强或透射光强与散射光强的比值来测定水样的浊度。光学式浊度计有用于实验室的，也有用于现场进行自动连续测定的。

按照测量散射光的位置不同，可以分为两种，一种是在与入射光垂直方向上测量，如根据 ISO 7027：1999 国际标准设计的浊度计，利用 890nm 波长的高发射强度的红外发光二极管发射的红外线穿过含有待测样品的样品池，将传感器处在与发射光线垂直的位置上，它测量由样品中悬浮颗粒散射的光量，微电脑处理器再将该数值转化为浊度值。另一种是表面散射光式，是水样从一个倾斜体顶部溢流，形成平整的光学表面，在溢流面上测定散射光强度并求得浊度。

测定浊度的水样应尽快测定，或者必须在 4℃冷藏，在 24h 内测定，测定前要激烈振摇水样并恢复到室温。

2.2.2 水中固体

水中固体是指在一定的温度下将水样蒸发至干时所残余的那部分物质，因此也曾被称为"蒸发残渣"。如果水中的悬浮固体含量过高，不仅影响景观，还会造成淤积，同时也是水体受到污染的一个标志。因此，测定水中固体的含量具有重要的环境意义。

水中固体可分为总固体物（又称总残渣）、悬浮物（又称不可滤残渣）和溶解固体物（又称可滤残渣）。总固体物是指水样在一定温度下蒸发、烘干后剩余的物质，包括溶解固体物和悬浮物。根据溶解性的不同可分为"溶解固体"和"悬浮固体"。一般将能通过 2.0μm 或更小孔径滤纸或滤膜的那部分固体称作溶解固体，不能通过的称作悬浮固体。悬浮固体是不溶于水的泥砂、黏土、有机物、微生物等悬浮物质。溶解固体是溶于水中的各种无机盐类、有机物等。水中的有机物主要包含腐殖酸和富里酸的聚羧酸化合物、生活污水和工业废水的污染物。

（1）总固体

将混合均匀的水样，在称至恒重的蒸发皿中于蒸汽浴或水浴上蒸干，并置于 103～105℃烘箱内烘至恒重，此时蒸发皿中的剩余物质即为总固体（mg/L）。计算方法见式（2-1）：

$$\rho_{总固体} = \frac{m_A - m_B}{V} \tag{2-1}$$

式中　m_A——总固体+蒸发皿质量，g；

　　　m_B——蒸发皿质量，g；

　　　V——水样体积，L。

（2）溶解固体

溶解固体是将过滤后的水样置于已于 103～105℃干燥至恒重的蒸发皿中，然后将蒸发皿于 103～105℃烘至恒重所增加的质量。计算方法同总固体。

（3）悬浮固体

水中的悬浮固体是指水样经过滤后的滤渣于 103～105℃烘干后至恒重的质量。它通常指在水中不溶解而又不能通过过滤器的物质，是重要的水质指标，也是污水处理厂设计的重要参数，包括泥砂、无机沉淀、有机沉淀、有机垢、腐蚀产物等。可以用滤纸、滤膜、石棉干埚过滤，所测数据和所使用的滤器有关，在报告结果时应注明。

2.2.3 电导率

电导率是溶液传导电流的能力。然而，水本身并不是一个良好的电力导体。水如果想通电，必须要有离子存在。在一定浓度范围内水的电导率与电解质浓度成正比，具有线性关系。通常在工业和环境应用中测量水的电导率，作为确定存在的离子总浓度的简单方式，是水质自动监测的五个参数之一。电导率的影响因素有：溶液中离子的种类、总浓度、迁移性、价态和温度等。

电解质溶液电导率指相距 1cm 的两平行电极间充以 1cm³ 溶液时所具有的电导。电导率是用来描述物质中电荷流动难易程度的参数。电导率用希腊字母 κ 来表示，标准单位是西门子/米（S/m）。电解质溶液也遵循欧姆定律，电导率 κ 是电阻率 ρ 的倒数，即 $\kappa=1/\rho$，电导（G）是电阻（R）的倒数。因此，当两个电极（通常为铂电极或铂黑电极）插入溶液中时，可以测出两电极间的电阻 R。根据欧姆定律，温度一定时，这个电阻值与电极间距 l（cm）成正比，与电极的截面积 A（cm²）成反比，即 $R=\rho \times (l/A)$；其中 ρ 为电阻率，是间距 1cm、截面积为 1cm² 导体的电阻，其大小取决于物质的本性。

据式（2-1），导体的电导率（κ）可表示为式（2-2）：

$$\kappa = \frac{1}{\rho} = \frac{1}{R} \times \frac{l}{A} = G \times K \qquad (2-2)$$

式中 κ——$\dfrac{1}{\rho}$，称为电导率；

K——$\dfrac{l}{A}$，称为电极常数。

由式（2-2）可见，当已知电极常数（Q），并测出溶液电阻（R）或电导（G）时，即可求出电导率。

电导率通常用电导仪测定，主要由电导池系统和测量仪器组成。电导仪根据测量原理可以分为平衡电桥式、电阻分压式、电流测量式、电磁诱导式等，其中电阻分压式和电流测量式使用居多。

2.2.4　溶解氧

溶解在水中的分子态氧称为溶解氧（DO），以每升水里氧气的毫克数表示。水中溶解氧的多少是衡量水体自净能力的一个指标。水中的溶解氧的含量与大气压、水温及含盐量都有密切关系。大气压下降、水温升高、盐度升高，都会导致溶解氧含量降低。在自然情况下，空气中的含氧量变动不大，清洁水的含氧量接近饱和。当藻类大量繁殖时，溶解氧可过饱和；当水体受到有机质或无机还原物质污染时，溶解氧含量降低，甚至趋于零，导致厌氧菌大量繁殖，使水体变黑、发臭。当水中的溶解氧值降到 3~4mg/L 以下时，一些鱼类的呼吸就会困难，继续减少则会死亡。一般规定水体中溶解氧在 4mg/L 以上。

水中溶解氧的测定方法主要有碘量法及其修正法、氧电极法和荧光光谱法等。清洁水通常采用碘量法，受污染的地表水和工业废水通常用修正的碘量法或电化学探头法。

（1）碘量法

碘量法的基本原理是向水样中加入硫酸锰和碱性碘化钾，水中溶解氧将二价锰氧化成四价锰，并生成氢氧化氧锰棕色沉淀，加酸后，棕色沉淀溶解并与碘离子反应生成游离碘，再以淀粉为指示剂，用硫代硫酸钠滴定游离碘，即可计算出溶解氧的含量。反应式如下：

$$MnSO_4+2NaOH = Mn(OH)_2\downarrow +Na_2SO_4$$
$$2Mn(OH)_2+O_2 = 2MnO(OH)_2\downarrow$$
$$MnO(OH)_2+2H_2SO_4 = Mn(SO_4)_2+3H_2O$$
$$Mn(SO_4)_2+2KI = MnSO_4+K_2SO_4+I_2$$
$$2Na_2S_2O_3+I_2=Na_2S_4O_6+2NaI$$

计算公式见式（2-3）：

$$C_{DO}=c\times V\times 8\times \frac{1000}{V_水} \qquad (2-3)$$

式中　C_{DO}——溶解氧浓度，mg/L；

　　　c——硫代硫酸钠标准溶液浓度，mol/L；

　　　V——滴定消耗硫代硫酸钠标准溶液体积，mL；

　　　$V_水$——水样体积，mL；

　　　8——氧换算值，g/mol。

当水样含有其他氧化物质、还原物质时，应消除干扰。

（2）修正的碘量法

为排除水样中各种干扰物质的影响，碘量滴定法有几种予以修正的具体方法。

① 叠氮化钠修正法。水中的亚硝酸盐能和碘化钾反应释放出碘而干扰测定结果，使结果偏高。反应式如下：

$$2H^++NO_2^-+2KI+H_2SO_4=K_2SO_4+2H_2O+N_2O_2\uparrow +I_2$$

如果水样和空气接触会使氧气溶入水中并和 N_2O_2 作用，再形成亚硝酸盐：

$$2N_2O_2+2H_2O+O_2=4H^++4NO_2^-$$

如此反复循环，不断释放出碘，使误差变大。

可用叠氮化钠将亚硝酸盐分解后再用碘量法测定，分解亚硝酸盐的反应如下：

$$2NaN_3+H_2SO_4=2HN_3+Na_2SO_4$$

$$H^++NO_2^-+HN_3=N_2O\uparrow +N_2\uparrow +H_2O$$

当水中三价铁离子浓度较高时，对测定产生干扰，可加入氟化钾或用磷酸代替硫酸酸化消除。叠氮化钠是剧毒、易爆化学试剂，不能将碱性碘化钾-叠氮化钠溶液直接酸化，以免产生有毒的叠氮酸雾。

② 高锰酸钾修正法。当水中含大量亚铁离子，不含其他还原剂及有机物时，可用高锰酸钾氧化亚铁离子，消除干扰，然后用草酸钠溶液除去过量的高锰酸钾，生成的高价铁离子用氟化钾掩蔽。其他和碘量法相同。

（3）氧电极法

溶解氧电极的应用已经日益普遍。因为溶解氧仪在测定时有许多优点：①不受水样中色度、浊度和某些对碘量法及其修正法有干扰的物质的影响；②方法简单，适用于现场测定；③电极可以插到不同深度的水中，而溶解氧量可从连接到地面上的仪器表盘上读出。因此特别适用于河流、湖泊等水体和废水处理设备中任何点处的溶解氧的测定；④易于进行自动连续监测；⑤还可用在废水生化处理的研究和处理设备运转过程中进行生物好氧速度的测定。

应用最广泛的氧电极是聚四氟乙烯薄膜电极。根据其工作原理可分为极谱型和原电池型。

极谱型是将两个金属电极浸没在一个电解质溶液中。电极和电解质溶液装在一个用氧半透膜外包的塑料小室内。这种氧半透膜能完全阻挡水和溶解固体，而只允许氧和一些其他气体通过。当外加一个电压时，水中的溶解氧就可透过薄膜在阴极上还原，产生的扩散电流与氧浓度成正比。电极反应如下：

阴极：$O_2 + 2H_2O + 4e^- \Longrightarrow 4OH^-$

阳极：$4Ag + 4Cl^- \Longrightarrow 4AgCl\downarrow + 4e^-$

产生的还原电流公式见式（2-4）：

$$I_d = K \times n \times F \times A \times \rho_0 \times \frac{P_m}{L} \tag{2-4}$$

式中　K——比例常数；

　　　n——电极反应得失电子数；

　　　F——法拉第常数；

　　　A——阴极表面积，m^2；

　　　P_m——薄膜的渗透系数；

　　　L——薄膜的厚度，m；

　　　ρ_0——溶解氧的质量浓度或分压，Pa。

在实验条件固定后，上式中除 ρ_0 外都为定值，因此，只要测得还原电流就能求出水中的溶解氧。测定时先用无氧水校正零点，再用化学法校正仪器量程，然后才能测定水样的溶解氧。薄膜对气体的渗透性受温度变化的影响较大，要采用数学方法对温度进行校正，也可在电路中安装热敏元件对温度变化进行自动补偿。

该法适用于地表水、地下水、生活污水、工业废水和盐水中溶解氧的测定，不受色度和浊度的影响。水中存在的一些气体，例如氯、二氧化硫、硫化氢、胺、氨、二氧化碳、溴和碘等物质，通过膜扩散影响被测电流而干扰测定。水样中的其他物质如溶剂、油类、硫化物、碳酸盐和藻类等物质可能堵塞薄膜，引起薄膜损坏和电极腐蚀，影响被测电流而干扰测定。若测定海水、港湾水等含盐量高的水，应根据含盐量对测量值进行修正。

2.2.5　含氮化合物

氮是水生植物生长必需的养分，但氮及其他营养物质过多时，将促使藻类等浮游生物的大量繁殖，发生富营养化现象，导致水质恶化。

氨氮、亚硝酸盐氮、硝酸盐氮、有机氮和总氮是废水中关注的主要对象。测定水体中氮的存在形态，有助于评价水体受污染情况和水体自净状况。当水中含有大量有机氮和氨氮时，表示水体受到污染的时间较短；当水中氮主要是硝酸盐氮时，表明水体受污染的时间较长，且已基本完成自净过程。

（1）氨氮

水中的氨氮是指以游离氨（也称非离子氨，NH_3）和铵离子（NH_4^+）形式存在的氮。两者的组成比与水体的 pH 有关，pH 高时，NH_3 的比例较高，pH 低时，NH_4^+ 的比例较高。

水中氨氮主要来源于生活污水中含氮有机物的分解及焦化、合成氨等工业废水和农田排水等。水中氨氮含量较高时，对鱼类呈现毒害作用，对人体也有不同程度的危害。游离氨易溶于水，对水生生物有毒，而铵离子对水生生物无毒。

氨氮的检测方法主要有纳氏试剂分光光度法、水杨酸-次氯酸盐分光光度法、蒸馏-中和滴定法（HJ 537—2009）、气相分子吸收光谱法（HJ/T 195—2005）和离子选择电极法等。纳氏试剂分光光度法和水杨酸-次氯酸盐分光光度法操作简便、灵敏度高，当水中钙、镁和铁等金属的离子、硫化物、醛和酮类、颜色以及浑浊等因素影响测定结果时，须做相应的预处理。电极法无须对水样进行预处理，而且具有测量范围宽等优点，但电极寿命短，重复性不好。蒸馏-中和滴定法适用于氨氮含量较高的水样。

① 纳氏试剂分光光度法。水样经过絮凝沉淀法或蒸馏法预处理后，加入纳氏试剂（碘化汞和碘化钾的强碱溶液），与氨反应生成淡红棕色络合物，此颜色在较宽的波长范围内的吸收都很高，通常在波长 420nm 下用水调零，测量吸光度。根据标准曲线，计算水样的氨氮浓度。反应式如下：

$$2K_2[HgI_4] + 3KOH + NH_3 \longrightarrow NH_2Hg_2IO + 7KI + 2H_2O$$

（淡红棕色）

本法最低检出浓度为 0.025mg/L，测定上限为 2.0mg/L。该方法适用于各种水样。

② 水杨酸-次氯酸盐分光光度法。在亚硝基铁氰化钠存在和碱性条件下（pH=11.7），水中的氨、铵离子与次氯酸反应生成氯胺，氯胺和水杨酸盐反应生成氨基水杨酸，氨基水杨酸经氧化、缩合生成靛酚蓝，用水调零，在最大吸收波长 697nm 测定吸光度，根据标准曲线计算水样的氨氮浓度。反应式如下：

a. $NH_3 + HOCl \longrightarrow NH_2Cl + H_2O$
（氯胺）

b.

c.

d.

当取样体积为 8.0mL，使用 10mm 比色皿时，该法最低检出浓度为 0.01mg/L；测定上限为 1mg/L。该方法的灵敏度高于纳氏试剂分光光度法，适用于各种水样中氨氮的测定。

③ 气相分子吸收光谱法（HJ/T 195—2005）。水样在 2%～3%酸性介质中，加入无水乙醇煮沸除去亚硝酸盐等干扰，用次溴酸盐氧化剂将氨及铵盐（0～50μg）氧化成等量亚硝酸盐，在 0.15～0.3mol/L 的柠檬酸和乙醇存在条件下，将亚硝酸盐分解，生成二氧化氮，用气相分子吸收光谱法测定二氧化氮的含量，根据标准曲线计算氨氮浓度。

本方法适用于地表水、地下水、海水、饮用水、生活污水及工业污水中氨氮的测定。方法的最低检出限为 0.020mg/L，测定下限为 0.080mg/L，测定上限为 100mg/L。对于含有 I^-、$S_2O_3^{2-}$、SCN^- 或可被次溴酸盐氧化成亚硝酸盐的胺水样，应先进行蒸馏分离。

④ 离子选择电极法。该法是用氨气敏电极测定的。氨气敏电极是一种复合电极，由半透膜、pH 玻璃电极、银-氯化银电极为参比电极和内充液组成。透气膜是对 NH_3 分子具有选择性的薄膜，使内充液和外部分开（图 2-1）。

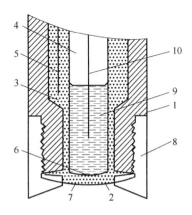

图 2-1 氨气敏电极

1—电极管；2—透气膜；3—内参比溶液
（0.1mol/L NH_4Cl 溶液）；4—pH 玻璃电极；
5—Ag-AgCl 参比电极；6—pH 玻璃电极敏感膜；
7—内参比溶液薄层；8—可卸电极帽；9—pH 玻璃
电极内参比溶液；10—pH 玻璃电极内参比电极

当溶液中的 NH_4^+ 通过调节 pH 转化为 NH_3 时，则通过透气膜扩散进入透气膜与 pH 玻璃电极敏感膜之间的薄层膜液，发生下列反应：

$$NH_3 + H_2O \Longrightarrow NH_4^+ + OH^-$$

通过 pH 玻璃电极测定内充液 pH 的变化，并和标准溶液 pH 的变化比较，便可间接测定水中氨氮浓度。

⑤ 蒸馏-中和滴定法。当水样中的氨氮较高时，可用该方法。取一定量水样，调节 pH 值到 6.0～7.4，加入氯化镁使呈微碱性。加热溶液使氨蒸发并用硼酸溶液吸收。将全部吸收液，以甲基红-亚甲蓝为指示剂，用硫酸标准溶液滴定至绿色转变为淡紫色。根据硫酸标准溶液消耗量，计算水样中氨氮含量。

⑥ 连续流动-水杨酸分光光度法（HJ 665—2013）。在碱性介质中，样品中的氨、铵离子和二氯异氰尿酸钠溶液释放出来的次氯酸生成氯胺。在亚硝基铁氰化钾存在下，氯胺和水杨酸盐在 40℃下反应生成蓝绿色化合物，在 660nm 下测定吸光度，计算水样中氨氮含量。

连续流动分析仪的原理：在蠕动泵的推动下，样品和试剂进入化学反应模块，在密闭的管路中连续流动，被气泡按一定间隔规律隔开，并按特定的顺序和比例混合、反应，显色完全后在流动检测池测定吸光度。

本方法适用于地表水、地下水、生活污水和工业废水中氨氮的测定。当采用直接比色模块时，检测池光程为 30mm 时，本方法的检出限（以 N 计）为 0.01mg/L，测定范围为 0.04～1.00mg/L；当采用在线蒸馏模块时，检测池光程为 10mm 时，本方法的检出限（以 N 计）为 0.04mg/L，测定范围为 0.16～10.0mg/L。

⑦ 流动注射-水杨酸分光光度法。该方法原理是：在碱性条件下，样品中的氨、铵离子与次氯酸根反应生成氯胺，然后加入亚硝基铁氰化钾，氯胺与水杨酸盐在60℃下生成蓝绿色化合物，在660nm下测定吸光度，计算水样中的氨氮含量。

流动注射分析仪的工作原理是：在封闭管路中，将定量的试样加入连续流动的载液中，样品和试剂在化学反应模块中按特定的顺序和比例混合，并发生反应，在非完全反应的条件下，在流动检测池测定吸光度。

（2）亚硝酸盐氮

亚硝酸盐氮（NO_2^--N）是以NO_2^-形式存在的含氮化合物，是氮循环的中间产物。亚硝酸盐氮在有氧条件下可被氧化成硝酸盐；在缺氧条件下也可被还原为氨。亚硝酸盐进入生物体后，可将亚铁血红蛋白氧化成高铁血红蛋白，从而抑制血液的载氧能力，严重时会导致鱼类缺氧而窒息死亡。它还可与仲胺类反应生成具致癌性的亚硝胺类物质。亚硝酸盐很不稳定，天然水中含量一般不会超过0.1mg/L。

水中亚硝酸盐氮常用的测定方法有离子色谱法（HJ 84—2016）、气相分子吸收光谱法和 N-（1-萘基）-乙二胺分光光度法（GB 7493—87）。前两种方法简便、快速，干扰较少；分光光度法灵敏度较高，选择性较好。

① N-（1-萘基）-乙二胺分光光度法。该方法又叫重氮偶合比色法。其原理是在pH值为（1.8±0.3）的磷酸溶液中，亚硝酸盐与对氨基苯磺酰胺反应，生成重氮盐，再与 N-（1 萘基）-乙二胺二盐酸盐偶联生成红色染料，在波长540nm下测定吸光度。显色反应式如下：

$$NH_2SO_2C_6H_4NH_2 \cdot HCl + HNO_2 \xrightarrow{\text{重氮化}} NH_2SO_2C_6H_4N \equiv NCl + 2H_2O$$

$$NH_2SO_2C_6H_4N \equiv NCl + C_{10}H_7NHCH_2CH_2NH_2 \cdot 2HCl \xrightarrow{\text{偶联}}$$

$$NH_2SO_2C_6H_4N \equiv NNHCH_2CH_2NHC_{10}H_7 \cdot 2HCl + HCl$$

（红色染料）

$$NH_2SO_2C_6H_4N \equiv NCl + C_{10}H_7NHCH_2CH_2NH_2 \cdot 2HCl \xrightarrow{\text{偶联}}$$

$$NH_2SO_2C_6H_4N \equiv NC_{10}H_6NHCH_2CH_2NH_2 \cdot 2HCl + HCl$$

（红色染料）

采用光程长为10mm的比色皿时，该方法最低检出质量浓度为0.003mg/L，测定上限为0.20mg/L，适用于各种水中亚硝酸盐氮的测定。当水中有氯胺、氯、聚磷酸钠、硫代硫酸盐和高铁离子时会有干扰。水样中有颜色可加氢氧化铝悬浮液，过滤后测定。

② 离子色谱法（HJ 84—2016）。其原理是水质样品中的阴离子，经过阴离子色谱柱交换分离，抑制型电导检测器检测，根据保留时间定性，根据峰面积或峰高定量。

③ 气相分子吸收光谱法。在0.15～0.3mol/L柠檬酸溶液中，以无水乙醇为催化剂，水样中的亚硝酸盐迅速分解并生成二氧化氮，随后被净化空气载入气相分子吸收光谱仪，在特定波长处测定吸光度，根据标准曲线计算水中亚硝酸盐的浓度。在213.9nm（锌空心阴极灯）下测定，该方法测定范围是0.012～10mg/L；在279.5nm下测定，测定上限为500mg/L。该方法适用于地表水、饮用水、地下水、海水、生活污水和工业废水中亚硝酸盐氮的测定。

（3）硝酸盐氮

硝酸盐氮（NO_3^--N）是含氮有机物氧化分解的最终产物，属低毒性或无毒性。清洁的地表水中硝酸盐氮（NO_3^--N）含量较低，受污染水体和一些深层地下水中含量较高。人体摄入硝酸盐后，被肠道中微生物转化为亚硝酸盐而呈现毒性。

水中硝酸盐氮的测定方法有酚二磺酸分光光度法（GB 7480—87）、紫外分光光度法（HT 346—2007）、气相分子吸收光谱法（HJ/T 198—2005）、离子色谱法（HJ 84—2016）和离子选择电极法等。

① 酚二磺酸分光光度法。在无水条件下，硝酸盐与酚二磺酸反应，生成硝基二磺酸酚，在碱性溶液中又转换成黄色的硝基酚二磺酸三钾盐，在波长410nm下测定吸光度，根据标准曲线计算硝酸盐浓度。其反应式为：

水中含氯化物、亚硝酸盐、铵盐、有机物和碳酸盐时，可产生干扰。含此类物质时，应作适当的前处理，以消除对测定的影响。如加入硫酸银溶液，使氯化物生成沉淀，过滤除去。滴加高锰酸钾溶液，使亚硝酸盐氧化为硝酸盐，最后从硝酸盐氮测定结果中减去亚硝酸盐氮量等。当水样浑浊、有颜色时，可加入少量氢氧化铝悬浮液，吸附、过滤预处理。本方法适用于测定饮用水、地下水和清洁地面水中的硝酸盐氮。本方法适用于测定硝酸盐氮的浓度范围在 0.02～2.0mg/L 之间。当浓度高时，可减少取样体积测定。

② 紫外分光光度法。方法原理：利用硝酸根离子在 220nm 波长处的吸收而定量测定硝酸盐氮。溶解的有机物在 220nm 处和 275nm 处均有吸收，而硝酸根离子在 275nm 处没有吸收。因此，在 275nm 处作另一次测量，以校正硝酸盐氮值。在 220nm 处的吸光度减去经验校正值即为硝酸根离子的净吸光度。这种经验校正值大小与有机物的性质和浓度有关。当 $A_{275}/A_{220} < 20\%$ 时（越小越好），硝酸根离子的净吸光度与硝酸根离子浓度的关系符合朗伯-比尔定律；如果 $A_{275}/A_{220} \geqslant 20\%$ 时水样必须进行预处理。水样中的有机物、浊度、亚硝酸盐、碳酸盐、碳酸氢盐和 Fe^{3+}、Cr^{6+} 对测定有干扰需要进行预处理，可以加入少量氢氧化铝絮凝共沉淀和大孔吸附树脂进行预处理。硝酸盐的含量按照式（2-5）计算：

$$A_{校正} = A_{220} - A_{275} \tag{2-5}$$

式中　A_{220}——220nm 下的吸光度；

　　　A_{275}——275nm 下的吸光度。

得出 $A_{校正}$后，根据校准曲线查得硝酸盐氮浓度。

本方法适用于清洁地面水和未受明显污染的地下水中硝酸盐氮的测定，其最低检出浓度为 0.08mg/L，测定范围为 0.32~4mg/L。

③ 气相分子吸收光谱法。在 2.5mol/L 盐酸溶液中，三氯化钛在（70±2）℃温度下可将水中的硝酸盐氮迅速还原分解生成 NO，并用空气载入气相分子吸收光谱仪，于 214.4 nm 下测定，并根据标准曲线计算水样中硝酸盐氮含量。

本方法适用于地表水、地下水、海水、饮用水、生活污水及工业污水中硝酸盐氮的测定。本方法的检出限为 0.006mg/L，测定下限 0.03mg/L，测定上限 10mg/L。NO_2^-、SO_3^{2-} 及 $S_2O_3^{2-}$ 会产生明显干扰。NO_2^- 可在加酸前加两滴氨基磺酸还原成 N_2 除去；SO_3^{2-} 及 $S_2O_3^{2-}$ 可用氧化剂将其氧化成 SO_4^{2-}；水样中的挥发性有机物可用活性炭吸附除去。

④ 离子色谱法参见亚硝酸盐氮的测定。离子选择电极法多用于在线自动监测。

（4）凯氏氮

凯氏氮（Kjeldahl nitrogen）是指以凯氏法测得的含氮量。它包括氨氮和在此条件下能转化为铵盐而被测定的有机氮。此类有机氮化物主要包含蛋白质、氨基酸、肽、胨、核酸、尿素以及合成的氮为负三价形态的有机氮化合物，但不包括叠氮化合物、硝基化合物等。由于一般水中存在的有机氮化合物多为前者，故凯氏氮减去氨氮的差值就是有机氮的含量。

凯氏氮可用传统凯式法和气相分子吸收光谱法测定。传统凯式法的测定分两步。第一步，取适量水样于凯氏烧瓶中，加入硫酸并加热消解，使有机物中的氨基氮转变为硫酸氢铵，游离氨和铵盐也转为硫酸氢铵。消解时加入适量硫酸钾提高沸腾温度，以增加消解速率，并以汞盐为催化剂，以缩短消解时间。第二步，消解后液体加入硫代硫酸钠-氢氧化钠溶液，使之呈碱性并蒸馏出氨，吸收于硼酸溶液中。然后以滴定法或光度法测定氨含量，即为水样中的凯氏氮含量。

凯氏氮也可用气相分子吸收光谱法测定（HJ/T 196—2005）。它的原理是将水样中游离氨、铵盐和有机氮转变成铵盐，并被次溴酸盐氧化成亚硝酸盐，然后用测定亚硝酸盐氮的方法测定凯氏氮。该方法在评价湖泊、水库等水体的富营养化时，是一个有意义的指标，测定范围是 0.100~200mg/L。

（5）总氮

总氮，简称为 TN，是水中各种形态无机和有机氮的总量，包括 NO_3^-、NO_2^- 和 NH_4^+ 等无机氮以及蛋白质、氨基酸和有机胺等有机氮。

水质总氮的测定方法主要有碱性过硫酸钾消解紫外分光光度法（HJ 636—2012），气相分子吸收光谱法（HJ/T 199—2005），也可将氨氮、硝酸根、亚硝酸根分别进行测量，然后将结果相加即为总氮含量。

碱性过硫酸钾消解紫外分光光度法和气相分子吸收光谱法原理是：在 120~124℃的碱性过硫酸钾介质中，将水样中的氨、铵盐、亚硝酸盐以及大部分有机氮化合物氧化成硝酸盐，利用紫外分光光度法和气相分子吸收光谱法测定硝酸盐氮。

气相分子吸收光谱法适用于地表水、水库、湖泊、江河水中总氮的测定。碱性过硫酸钾消解紫外分光光度法的测定下限 0.200mg/L，测定上限 7.00mg/L。气相分子吸收光谱法的测定范围为 0.200~100mg/L。

2.2.6 含磷化合物

总磷是水体中磷元素的总含量，是水体富含有机质的指标之一。磷含量过高（超过0.2mg/L）会引起藻类等浮游生物的过度生长，使水体富营养化，发生水华或赤潮。水体中的含磷化合物主要来源于生活污水、工业废水及农田排水。天然水体和废水中的磷以正磷酸盐（PO_4^{3-}、HPO_4^{2-}、$H_2PO_4^-$）、缩合磷酸盐 [$P_2O_7^{4-}$、$P_3O_{10}^{5-}$、$HP_3O_9^{2-}$、$(PO_3)_6^{3-}$] 及有机磷化合物三种形态存在。

根据磷的存在形态，水中磷的测定指标有总磷、溶解性总磷、溶解性正磷酸盐、缩合磷酸盐及有机磷。总磷、溶解性总磷、溶解性正磷酸盐的水样，经过适当的预处理（过滤、消解）后，均可转变为溶解性正磷酸盐。预滤液处理流程如图 2-2 所示。

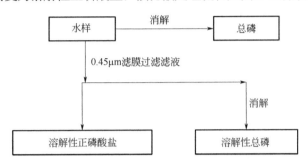

图 2-2 水中各种磷测定的预处理流程

（1）水样的预处理

水样的消解方法主要有三种：过硫酸钾消解法、硝酸、高氯酸消解法、硝酸-硫酸消解法等。

① 过硫酸钾消解法。将 25mL 混匀水样置于 50mL 具塞刻度管中，加入 4mL 过硫酸钾溶液（5%，质量分数），将盖塞紧后，用一小块布和线将玻璃塞扎紧（防止加热时玻璃塞冲出），将具塞刻度管放到高压灭菌锅中消解，120℃时，30min。待具塞刻度管冷却后，用水稀释至标线，待测。

需要注意的是，如果加入硫酸保存水样，当用过硫酸钾消解时，应先将水样调至中性；如果不能将水样中的有机物完全消解时，可用硝酸-高氯酸消解法。

② 硝酸-高氯酸消解法。将 25mL 混匀水样倒入锥形瓶中，加几粒玻璃珠，加 2mL 浓硝酸并加热浓缩至 10mL。冷却后再加入 5mL 硝酸，再加热浓缩至 10mL，冷却至室温。加 3mL 高氯酸后，加热并保持回流直到剩余 3～4mL，停止加热。待冷却至室温后加水 10mL，以酚酞作指示剂，用氢氧化钠溶液滴定至恰好呈微红色，再滴加少量硫酸溶液使微红刚好褪去，充分混匀。将溶液转移到具塞刻度管中，用水稀释至标线，待测。

需要注意的是，硝酸-高氯酸消解应在通风橱中进行；高氯酸和有机物的混合物加热时易发生爆炸，必须将水先用硝酸消解，然后再加入硝酸-高氯酸进行消解；不能把消解的水样蒸干；若消解后还有残渣，可用滤纸过滤，并用水充分清洗锥形瓶及滤纸，然后全部转移到具塞刻度管中。

（2）正磷酸盐的测定

正磷酸盐的测定方法有钼酸铵分光光度法（GB 1893—1989）、孔雀绿—磷钼杂多酸分光光度法、氯化亚锡分光光度法、离子色谱法和罗丹明6G（R6G）能量转移荧光法等。有机磷的分析方法多采用高效液相色谱法或气相色谱法。

① 钼酸铵分光光度法。该方法的原理是在酸性条件下，水中的正磷酸盐与钼酸铵、酒石酸锑钾反应生成磷钼杂多酸，再被还原剂抗坏血酸还原生成蓝色络合物（磷钼蓝），在700nm下测定吸光度，然后根据标准曲线计算浓度。

该法的检测范围是0.01~0.6mg/L，适用于地表水和废水中总磷的测定。

② 氯化亚锡分光光度法。在酸性条件下，水中的正磷酸盐与钼酸铵反应生成磷钼杂多酸，随后被氯化亚锡还原生成磷钼蓝，在700nm波长处测定吸光度，根据标准曲线法计算磷浓度。该法适用于地表水中正磷酸盐的测定，最低检出浓度为0.025mg/L，测定上限为0.6mg/L。

③ 离子色谱法参见亚硝酸盐氮的测定。

④ 罗丹明6G能量转移荧光法。该方法是测定痕量磷的方法。其原理是在激发波长450nm、发射波长556nm和十二烷基苯磺酸钠存在的条件下，吖啶橙-罗丹明6G能够发生有效能量转移，使罗丹明6G荧光大为增强；在酸性条件下，正磷酸根与钼酸盐反应生成磷钼酸，磷钼酸与罗丹明6G形成离子缔合物，使罗丹明6G的荧光猝灭。磷浓度在0.05~0.70μg/L范围内与罗丹明6G的荧光猝灭程度有良好的线性关系，根据标准曲线计算磷浓度。

该法操作简便，灵敏度和选择性都高于分光光度法。

2.2.7　化学需氧量

除含有无机污染物外，水体中还有大量的有机污染物。有机污染物指标是一类评价水体污染状况的极为重要的指标。目前多以化学需氧量（COD）、生化需氧量（BOD）、总有机碳（TOC）等综合指标，或挥发酚类、石油类、硝基苯类等类别有机物指标来表征水体中有机物含量。

化学需氧量是指在强酸并在加热的条件下，以重铬酸钾为氧化剂处理水样时消耗重铬酸钾相对应的氧的质量浓度（mg/L）。化学需氧量所测得的水中还原性物质除有机物外，还包含硫化物、亚硫酸盐、亚硝酸盐、亚铁盐等无机还原物质。但水体中有机物的数量远大于无机还原性物质的数量，因此，化学需氧量可以反映水体受有机物污染的程度，可作为水中有机物相对含量的综合指标之一，是一个重要的而且能较快测定的有机物污染参数。化学需氧量越大，说明水体受有机物的污染越严重。

我国规定用重铬酸盐法（HJ 828—2017）测定废（污）水的化学需氧量，其他方法有快速分光光度法、库仑滴定法、氯气校正法等。化学需氧量是一个条件性指标，氧化剂的种类、浓度，反应液的酸度、温度、反应时间及催化剂等条件都影响测定结果。重铬酸钾的氧化率可达90%左右，重复性好，是国际上广泛认可的化学需氧量测定的标准方法，适用于生活污水、工业废水和受污染水体的测定。

（1）重铬酸盐法

在强酸性溶液中，在催化剂（硫酸银）作用下，过量的重铬酸钾氧化水样中还原性物质，剩余的重铬酸钾以试亚铁灵为指示剂，用硫酸亚铁铵标准溶液回滴，溶液的颜色由黄色经蓝绿色至红褐色即为滴定终点，根据硫酸亚铁铵标准溶液的用量计算水样中还原性物质的需氧量。以蒸馏水作为空白对照。重铬酸钾与有机物的反应如下：

$$2K_2Cr_2O_7+8H_2SO_4+3C（代表有机物）\longrightarrow 2Cr_2(SO_4)_3+2K_2SO_4+8H_2O+3CO_2\uparrow$$

过量的重铬酸钾以试亚铁灵为指示剂，以硫酸亚铁铵标准溶液回滴，反应式为

$$K_2Cr_2O_7+7H_2SO_4+6FeSO_4\longrightarrow 3Fe_2(SO_4)_3+Cr_2(SO_4)_3+K_2SO_4+7H_2O$$

测定方法是：将水样充分摇匀，取 10.0mL 于锥形瓶中（浓度高可稀释），依次加入硫酸汞溶液、重铬酸钾标准溶液 5.00mL 和几颗防爆沸玻璃珠，摇匀。硫酸汞溶液按质量比 $m[HgSO_4]:m[Cl^-]\geqslant 20:1$ 的比例加入。将锥形瓶连接到回流装置冷凝管下端，接通冷凝水（水冷凝时），从冷凝管上端缓慢加入 15mL 硫酸银-硫酸溶液，以防止低沸点有机物的逸出，不断旋动锥形瓶使之混合均匀。自溶液开始沸腾起回流 2h（图 2-3）。回流冷却后，自冷凝管上端加入 45mL 水冲洗冷凝管，使溶液体积在 70mL 左右，取下锥形瓶。溶液冷却至室温后，加入 3 滴试亚铁灵指示剂溶液，用硫酸亚铁铵标准溶液滴定，溶液的颜色由黄色经蓝绿色变为红褐色即为终点。记下硫酸亚铁铵标准溶液的消耗体积。同时取 10.00mL 重蒸馏水，按同样操作步骤做空白实验。记录滴定空白时硫酸亚铁铵标准溶液的消耗体积。

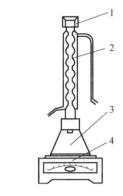

图 2-3　氧化回流装置
1—防尘盖；2—蛇形冷凝管；
3—消解杯；4—300W 电炉装置

按式（2-6）计算样品中化学需氧量的质量浓度（mg/L）：

$$COD_{Cr}(O_2, mg/L)=(V_0-V_1)\times c\times\frac{8000}{V}\qquad（2-6）$$

式中　c ——硫酸亚铁铵标准溶液的浓度，mol/L；

　　　V_0 ——空白试验所消耗的硫酸亚铁铵标准溶液的体积，mL；

　　　V_1 ——水样测定所消耗的硫酸亚铁铵标准溶液的体积，mL；

　　　V ——水样的体积，mL；

8000——$\frac{1}{4}$ O_2 的摩尔质量以 mg/L 为单位的换算值。

该方法适用于地表水和废（污）水中化学需氧量的测定。当取样量为 10.0mL 时，本方法的检出限为 4mg/L，测定下限为 16mg/L。未经稀释的水样测定上限为 700mg/L。低浓度样品可适当增加取样量。

重铬酸钾氧化性很强，可将大部分直链脂肪化合物氧化，但芳烃及吡啶等多环或杂环芳香有机物不易被氧化。挥发性直链脂肪族化合物和苯等存在蒸汽相，不能和重铬酸钾充分接触，氧化率较低。

氯离子也能被重铬酸钾氧化，并与硫酸银作用生成沉淀，干扰 COD 的测定，可加入适量 $HgSO_4$ 络合或采用 $AgNO_3$ 沉淀去除。本方法不适用于含氯化物浓度大于 1000mg/L（稀释后）的含盐水的化学需氧量的测定，如果稀释后仍高于 1000mg/L，应采用氯气校正法。若水中含亚硝酸盐较多，需提前在重铬酸钾溶液中加入氨基磺酸，以消除干扰。

重铬酸钾法操作步骤较烦琐、分析时间长、能耗高，所使用的银盐、汞盐及铬盐还会造成二次污染，对健康具有潜在的危害，应避免与这些化学品的直接接触。样品前处理过程应在通风橱中进行，所用试剂及分析后的样品需回收并进行安全处理。

（2）高氯COD测定——氯气校正法（HJ/T 70—2001）

当氯离子含量超过1000mg/L时，COD的最低允许限值为250mg/L，重铬酸钾法的准确度就不可靠，如油田勘探开发采油废水中COD的测定。

原理：在水样中加入已知量的重铬酸钾标准溶液及硫酸汞溶液、硫酸银-硫酸溶液，于回流装置的插管式锥形瓶中加热至沸腾并回流2h，同时通入N_2，将水样中未络合的氯离子氧化生成的氯气从回流冷凝管上口导出，用氢氧化钠溶液吸收。消解好的水用重铬酸钾法测出的COD是表观COD；在NaOH吸收液中加入碘化钾，调节pH值约为2～3，加入淀粉指示剂，用硫代硫酸钠标准溶液滴定，将其消耗量换算成消耗氧的质量浓度，即为氯离子校正值。表观COD值减去氯离子校正值，就是被测水样的真实COD。

该方法适用于氯离子含量小于20000mg/L的高氯废水COD的测定，方法的检出限为30mg/L。

（3）快速消解分光光度法（HJ/T 399—2007）

原理：试样中加入已知量的重铬酸钾溶液，在强硫酸介质中，以硫酸银作为催化剂，经高温消解后，用分光光度法测定COD值。

当试样中COD值为100～1000mg/L，在（600±20）nm波长处测定重铬酸钾被还原产生的三价铬（Cr^{3+}）的吸光度，试样中COD值与三价铬（Cr^{3+}）的吸光度的增加值呈正比例关系，将三价铬（Cr^{3+}）的吸光度换算成试样的COD值。

当试样中COD值为15～250mg/L时，在（440±20）nm波长处测定重铬酸钾未被还原的六价铬（Cr^{6+}）和被还原产生的三价铬（Cr^{3+}）的两种铬离子的总吸光度；试样中COD值与六价铬（Cr^{6+}）的吸光度减少值呈正比例，与三价铬（Cr^{3+}）的吸光度增加值呈正比例，与总吸光度减少值呈正比例，将总吸光度值根据标准曲线换算成试样的COD值。

该方法与经典重铬酸钾法消解水样的方法相同。该方法将水样和消解液置于具密封塞的消解管中，放在（165±2）℃的恒温加热器内快速消解，消解后的水样用分光光度法测定，根据标准曲线计算出水样的COD值。

和经典重铬酸钾法相比，该方法消解时间只有15min，试剂用量和水样量少，适合大规模的测定，可以使用普通的分光光度计，也可使用快速COD测定仪。该方法适用于地表水、地下水、生活污水和工业废水中化学需氧量的测定。对未经稀释的水样，其COD测定下限为15mg/L，测定上限为1000mg/L，氯离子质量浓度不应大于1000mg/L。

（4）库仑滴定法

在强酸性介质中，重铬酸钾在催化剂（硫酸银）作用下，将水样中还原性物质氧化，冷却后加入硫酸铁溶解，用电解法将Fe^{3+}还原为Fe^{2+}，用Fe^{2+}滴定溶液中剩余的重铬酸钾，并用电位指示终点，工作原理见图2-4。依据电解消耗的电量和法拉第电解定律，按照式（2-7）计算被测物质的含量：

$$W = Q \times \frac{M}{96500n} \tag{2-7}$$

式中　Q——电量；

　　　M——被测物质的相对分子质量；

n——滴定过程中电子的转移数；

W——被测物质的质量，g。

库仑池包括电极对和电解液，其中工作电极为双铂片工作阴极和铂丝辅助阳极（内置 3mol/L H_2SO_4），用于电解产生滴定剂；指示电极为铂片指示电极（正极）和钨棒参比电极（负极，内充饱和 K_2SO_4 溶液）。用其电位的变化指示库仑滴定终点。电解液为 10.2mg/L 硫酸、重铬酸钾和硫酸铁混合液。

库仑滴定法测定水样的 COD 值的步骤是分别在空白溶液（蒸馏水）和样品溶液中加入等量的硫酸和重铬酸钾标准溶液，分别进行回流消解 15min，冷却后加入等量的硫酸铁溶液，在搅拌下进行库仑滴定，设样品 COD 值为 c_x（mg/L），取样量为 V（mL），将氧的分子量（32）和电子转移数（4）代入到公式中，得到式（2-8）：

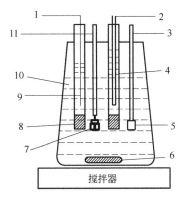

图 2-4 电解池

1—电解铂丝阳极；2—指示负极钨棒；3—指示正极；4—指示负极；5—指示正极单铂片；6—搅拌子；7—电解阴极双铂片；8—石英砂芯；9—电解阳极；10—电解液；11—电解阴极

$$c_x = I \times (t_0 - t_1) \times \frac{8000}{96500V} \qquad (2\text{-}8)$$

式中　c_x——水样消耗的重铬酸钾相当于氧的质量，mg/L；

　　　I——电解电流，mA；

　96500——法拉第常数；

　　　t_0——空白实验时电解产生亚铁离子滴定重铬酸钾的时间，s；

　　　t_1——水样实验时电解产生亚铁离子滴定剩余重铬酸钾的时间，s；

　　　V——取样量，mL。

本方法简便、快速、试剂用量少，不需标定滴定剂，不受颜色干扰，尤其适合工业废水的 COD 测定。

2.2.8　高锰酸盐指数

高锰酸盐指数（I_{Mn}）是以高锰酸钾溶液为氧化剂处理水样所消耗氧的量，以氧的质量浓度（mg/L）表示。高锰酸钾可将水中有机物和还原性无机物，如亚硝酸盐、亚铁盐、硫化物等氧化。因此，高锰酸盐指数常被作为地表水受有机物和还原性无机物污染程度的综合指标，主要应用于掌握饮用水和地表水水质。该方法可以避免 Cr^{6+} 的二次污染，日、德等国家也用高锰酸盐作为氧化剂测定废水的化学需氧量，但相应的排放标准较严格。

按测定溶液的介质不同分为酸性和碱性高锰酸钾法。酸性高锰酸钾法的基本原理是在样品中加入已知量的高锰酸钾和硫酸，在沸水浴中加热 30min，高锰酸钾将样品中的有机物和还原性无机物氧化，反应后加入过量的草酸钠还原剩余的高锰酸钾，再用高锰酸钾标准溶液回滴过量的草酸钠，通过计算得到样品中高锰酸盐指数。该法要求在沸水浴中加热反应 30min，且回滴时必须在 60~80℃ 的高温条件下进行。

测定时取 100.0mL 充分混合均匀的水样（或分取适量，用蒸馏水稀释至 100mL），置于 250mL 锥形瓶中，加入（5±0.5）mL（1∶3）硫酸，用滴定管加入 10.00mL 高锰酸钾标准溶液，摇匀。将锥形瓶置于沸水浴中加热（30±2）min。随后加入 10.00mL 草酸钠标准溶液，至溶液变为无色。趁热用高锰酸钾标准溶液滴定至刚出现粉红色，可保持 30s 不退。记录所消耗高锰酸钾溶液的体积 V_1，按式（2-9）计算测定结果：

$$高锰酸盐指数(O_2,mg/L)= [(10.00+ V_1)\times K-10.00]\times C\times 8\times \frac{1000}{100} \qquad (2-9)$$

式中　V_1——回滴草酸钠消耗高锰酸钾标准溶液 $\left(\frac{1}{5}KMnO_4\right)$ 体积，mL；

　　　　K——校正系数[单位体积（以 mL 计）高锰酸钾标准溶液 $\left(\frac{1}{5}KMnO_4\right)$ 相当于草酸钠

　　　　　　标准溶液 $\left(\frac{1}{2}Na_2C_2O_4\right)$ 的体积（以 mL 计）]；

　　　　C——草酸钠标准溶液（$1/2Na_2C_2O_4$）浓度，mol/L；

　　　　8 ——氧（$1/4\ O_2$）的摩尔质量，g/mol；

　　10.00 ——取水样体积，mL。

　水样稀释时，用式（2-10）计算。

$$高锰酸盐指数(O_2,mg/L)=\{[(10.00+ V_1)\times K-10.00]-[(10.00+ V_0)\times K-10.00]\times f\}\times C\times 8\times \frac{1000}{V_2}$$

$$(2-10)$$

式中　V_0——空白实验中消耗高锰酸钾标准溶液 $\left(\frac{1}{5}KMnO_4\right)$ 体积，mL；

　　　　V_2——取原水样体积，mL；

　　　　f——稀释水样中含稀释水的比例（如 10.00mL 水样稀释至 100.0mL，则 $f=0.90$）；

其他项同水样不稀释时的计算式。

　　碱性高锰酸钾法测定高锰酸盐指数的过程与酸性高锰酸钾法基本一样，只不过在加热反应之前将溶液用氢氧化钠溶液调至碱性，在加热反应之后加入硫酸酸化，再按酸性高锰酸钾法测定，计算方法也相同。

　　因为在碱性条件下高锰酸钾的氧化能力比酸性条件下稍弱，此时不能氧化水中的氯离子，故常用于测定氯离子浓度较高的水样。酸性高锰酸钾法适用于氯离子质量浓度不超过 300mg/L 的水样。当高锰酸盐指数超过 10mg/L 时，取少量水样并稀释后再测定。

　　化学需氧量和高锰酸盐指数是采用不同的氧化剂在各自的氧化条件下测定的，难以找出明显的相关关系。一般来说，重铬酸钾法的氧化率可达 90%，而高锰酸钾法的氧化率为 50% 左右，两者都不能将水样中还原性物质完全氧化，因而都只是一个相对参考数据。

2.2.9　生化需氧量

　　生化需氧量（BOD）是指在有溶解氧的条件下，好氧微生物在分解水中有机物的生物化学氧化过程中所消耗的溶解氧，同时也包括如硫化物、亚铁盐等还原性无机物质氧化所消耗的氧量，但这部分通常占的比例很小。BOD 以 mg/L、百分率、ppm 表示。它是反映水中有机污染物含量的一个综合指标，是可降解（可以为微生物利用的）有机物的氧当量，也是研究废水可生化降解性和生化处理效果以及生化处理废水工艺设计和动力学研究中的重要参数。根据废水的 BOD/COD 的值，可以评价废水的可生化性及判断是否可以采用生化法处理等。一般若 BOD/COD 的值 >0.3，认为此种废水适宜采用生化处理方法；反之，说明废水中不可生物降解的有机物较多，此种废水不适宜采用生化处理方法。

水中有机物质的好氧分解是分两个阶段进行的。第一阶段为碳氧化阶段，主要是含碳有机化合物氧化为二氧化碳和水；第二阶段为硝化阶段，主要是含氮有机化合物在硝化菌的作用下分解为亚硝酸盐和硝酸盐。这两个阶段并非截然分开，而是主次不同。整个过程尤其是第二阶段相当缓慢，目前国内外广泛采用 20℃下培养 5d 所消耗的溶解氧的量，称为五日生化需氧量，即 BOD_5，也称稀释与接种法（五日培养法，BOD_5 法）（HJ 505—2009），相应地还有 BOD_{10}、BOD_{20}。测定 BOD 的方法还有微生物电极法（HJ/T 86—2002）、压差法、库仑滴定法、相关计算法等。

（1）稀释与接种法

通常情况下是将水样充满完全密闭的溶解氧瓶中，在（20±1）℃的暗处培养 5d±4h 或（2+5）d±4h[先在 0～4℃的暗处培养 2d，然后在（20±1）℃的暗处培养 5d，即培养（2+5）d]，分别测定培养前后水样中溶解氧的含量，两者的浓度之差，即为 BOD_5。

如样品中的有机物含量较少，BOD_5 的质量浓度小于6mg/L，且样品中有足够的微生物，用非稀释法测定；如样品中无足够的微生物，如酸性废水、碱性废水、高温废水、冷冻保存的废水或经过氯化处理等的废水，采用非稀释接种法测定。

测定前将水样的温度加热到（20±2）℃，若样品中溶解氧浓度低，需要曝气 15min，充分振摇赶走样品中残留的空气泡；若样品中氧过饱和，将容器 2/3 体积充满样品，用力振荡赶出过饱和氧，然后根据试样中微生物含量情况确定测定方法。非稀释法可直接取样测定；非稀释接种法，每升试样中加入适量的接种液，待测定。若试样中含有硝化细菌，有可能发生硝化反应，需在每升试样中加入 2mL 丙烯基硫脲硝化抑制剂，以抑制硝化反应。

稀释水一般用蒸馏水配制。在 5～20L 的玻璃瓶中加入一定量的水，控制水温在（20±1）℃，用曝气装置至少曝气 1h，使稀释水中的溶解氧达到 8mg/L 以上。使用前每升水中加入氯化钙、氯化铁、硫酸镁和磷酸盐缓冲液各 1.0mL，混匀，以维持微生物的活动，20℃保存。在曝气的过程中防止污染，特别是防止带入有机物、金属、氧化物或还原物。

稀释水中氧的质量浓度不能过饱和，使用前需开口放置 1h，且应在 24h 内使用。剩余的稀释水应弃去。

接种液：对于不含微生物或含微生物很少的工业废水，如酸性废水、碱性废水、高温废水、冷冻保存的废水或经过氯化处理等的废水，需要进行接种，以引入能降解废水中有机物的微生物。可购买接种微生物用的接种物质，接种液的配制和使用按说明书的要求操作。也可按以下方法获得接种液：①未受工业废水污染的生活污水：化学需氧量不大于 300mg/L，总有机碳不大于 100mg/L；②含有城镇污水的河水或湖水；③污水处理厂的出水；④分析含有难降解物质的工业废水时，在其排污口下游适当处取水样作为废水的驯化接种液。也可取中和或经适当稀释后的废水进行连续曝气，每天加入少量该种废水，同时加入少量生活污水，以适应该种废水的微生物大量繁殖。当水中出现大量的絮状物时，表明微生物已繁殖，可用作接种液。一般驯化过程需 3～8d。

根据接种液的来源不同，每升稀释水中加入适量接种液：城市生活污水和污水处理厂出水加 1～10mL，河水或湖水加 10～100mL，将接种稀释水存放在（20±1）℃的环境中，当天配制当天使用。接种的稀释水 pH 值为 7.2，BOD_5 应小于 1.5mg/L。

稀释倍数的确定：样品稀释的程度应使消耗的溶解氧质量浓度不小于 2mg/L，培养后样品中剩余溶解氧质量浓度不小于 2mg/L，且试样中剩余的溶解氧的质量浓度为开始浓度的 1/3～2/3 为最佳。

稀释倍数可根据样品的总有机碳（TOC）、高锰酸盐指数（I_{Mn}）或化学需氧量（COD_{Cr}）的测定值，按照表 2-2 列出的比值 R 估计 BOD_5 的期望值（R 与样品的类型有关），再根据表 2-3 确定稀释因子。当不能准确地选择稀释倍数时，一个样品做 2～3 个不同的稀释倍数。

表 2-2 典型的比值 R

水样的类型	总有机碳 R（BOD_5/TOC）	高锰酸盐指数 R（BOD_5/I_{Mn}）	化学需氧量 R（BOD_5/COD_{Cr}）
未处理的废水	1.2～2.8	1.2～1.5	0.35～0.65
生化处理的废水	0.3～1.0	0.5～1.2	0.20～0.35

表 2-3 BOD_5 测定的稀释倍数

BOD_5 的期望值/（mg/L）	稀释倍数	水样类型
6～12	2	河水，生物净化的城市污水
10～30	5	河水，生物净化的城市污水
20～60	10	生物净化的城市污水
40～120	20	澄清的城市污水或轻度污染的工业废水
100～300	50	轻度污染的工业废水或原城市污水
200～600	100	中度污染的工业废水或原城市污水
400～1200	200	重度污染的工业废水或原城市污水
1000～3000	500	重度污染的工业废水
2000～6000	1000	重度污染的工业废水

稀释法与稀释接种法按式（2-11）计算：

$$BOD_5(mg)=\frac{(c_1 - c_2)-(B_1 - B_2)f_1}{f_2} \tag{2-11}$$

式中　c_1——稀释水样在培养前的溶解氧浓度，mg/L；

　　　c_2——稀释水样在培养后的溶解氧浓度，mg/L；

　　　B_1——稀释水在培养前的溶解氧浓度，mg/L；

　　　B_2——稀释水在培养后的溶解氧浓度，mg/L；

　　　f_1——稀释水在培养液中所占比例；

　　　f_2——水样在培养液中所占比例。

水样含有铜、铅、镉、铬、砷、氰等物质时，对微生物活性有抑制，可使用经驯化的微生物接种的稀释水，或提高稀释倍数，以减小毒物的影响。若样品中含有少量余氯，一般在采样后放置 1～2h，游离氯即可消失。对在短时间内不能消失的余氯，可加入适量亚硫酸钠溶液去除样品中存在的余氯和结合氯。

该方法的检出限为 0.5mg/L，方法的测定下限为 2mg/L，非稀释法和非稀释接种法的测定上限为 6mg/L，稀释与稀释接种法的测定上限为 6000mg/L。

（2）微生物电极法

微生物电极是一种将微生物技术与电化学检测技术相结合的传感器。微生物电极是由固定化的微生物膜和极谱式溶解氧电极构成。微生物膜里含有大量好氧微生物，在有氧和有机物的环境下非常活跃，并对有机物具有广谱食性，适应性强。微生物电极法的原理是当电极插入恒温、溶解氧浓度一定的不含 BOD 物质的底液时，由于微生物的呼吸活性恒定，因而透过微生物膜的溶解氧的速率一定，微生物电极输出一个稳定电流；当 BOD 物质加入底液时，样品中的可生化性有机物被膜中的微生物同化，消耗大量的溶解氧，导致进入氧电极的氧减少，使电极输出电流减小。当样品中可生化有机物向菌膜扩散速度达到恒定时，扩散到氧电极表面的氧的质量在几分钟内达到恒定。在其线性范围内，消耗的溶解氧与有机物的浓度成正比，根据溶解氧电极测出溶解氧浓度的变化量，从而计算出 BOD 值。

微生物膜电极 BOD 测定仪由测量池、恒温水浴、恒电压源、控温器、鼓气泵及信号转换和测量系统组成，其中测量池装有微生物膜电极、鼓气管及被测水样。Ag-AgCl 电极（正极）和黄金电极（负极）上输入 0.72V 恒电压。黄金电极随 BOD 物质浓度不同产生极化电流变化送至阻抗转换和微电流放大电路放大，再送至 A/D 或 A/V 转换电路，转换后的信号可直接显示被测水样的 BOD 值。

该方法适用于地表水、生活污水和不含对微生物有明显毒害作用的工业废水中 BOD 的测定，可在 20min 内完成一个水样的测定。

2.2.10　油类

水中的油类物质主要是石油类和动、植物油。水体油类污染是指主要来源于油船的意外事故、海底采油、石油化工厂废水中的油类对水体的污染。动、植物油主要来自动、植物及海洋生物加工等行业的废水和生活污水。油稍多时，在水面上形成油膜，使大气与水面隔绝，破坏正常的充氧条件，导致水体缺氧，从而影响水体的自净作用，致使水质变黑发臭。同时，在微生物降解油类过程中，消耗水中的溶解氧，使水质恶化。另外，石油类中的芳烃类化合物，尤其是多环芳烃是致癌物质，可通过食物链的传递危及人体的健康。

测定水中油类物质的方法有重量法、红外分光光度法（HJ 637—2018）、非色散红外吸收法、紫外分光光度法、荧光光谱法等。红外分光光度法不受石油类品种的影响，测定结果能较好地反映水被石油类污染的状况，已成为国家标准方法；非色散红外吸收法适用于所含油品比吸光系数较接近的水样，油品相差较大，尤其含有芳烃化合物时，测定误差较大；重量法不受油类品种的限制，成为常用的方法，可测量含油量高的污水，缺点是操作复杂，灵敏度低；其他方法受油类品种影响较大。

（1）重量法

先用石油醚萃取已经用硫酸酸化的石油类物质，再用旋转蒸发法除去石油醚，称重并计算石油类含量。石油中可能含有不被石油醚萃取的物质，在蒸发过程中轻质油也会蒸发，这些都会导致测定结果较低。如果废（污）水中动、植物油含量大，可用层析柱预处理。该方法适用于测定水中含油量大于 10mg/L 的水样。

（2）红外分光光度法（HJ 637—2018）

水样在 pH≤2 的条件下用四氯乙烯萃取后，测定油类；将萃取液用硅酸镁吸附去除动植物油类等极性物质后，测定石油类。油类和石油类的含量在波数分别为 2930cm^{-1}（CH$_2$ 基团中 C—H 键的伸缩振动）、2960cm^{-1}（CH$_3$ 基团中 C—H 键的伸缩振动）和 3030cm^{-1}（芳香环中 C—H 键的伸缩振动）处的吸光度分别为 A_{2930}、A_{2960} 和 A_{3030}，根据校正系数进行计算；动植物油类的含量是油类与石油类含量之差。

测定步骤如下：首先用四氯化碳直接萃取或絮凝富集萃取（对石油类物质含量低的水样）水样中的油类，然后将萃取液分成两份，一份用于测定总油，另一份经硅酸镁吸附动植物油类后，用于测定石油类物质。

然后，以四氯乙烯为溶剂，分别配制正十六烷（20mg/L）、异辛烷（20mg/L）和苯（100mg/L）溶液，用四氯乙烯调零，在 4cm 比色皿中用红外分光光度计分别测量它们在 2930cm^{-1}、2960cm^{-1} 和 3030cm^{-1} 波数处的吸光度，由式（2-12）列方程联立求解，分别求出相应的校正系数 X、Y、Z：

$$\rho = XA_{2930} + YA_{2960} + Z\left(A_{3030} - \frac{A_{2930}}{F}\right) \qquad (2\text{-}12)$$

式中　　　　ρ ——所配溶液中某一物质的质量浓度，mg/L；

A_{2930}，A_{2960}，A_{3030} ——三种物质溶液各对应波数下的吸光度；

　　X，Y，Z——吸光度校正系数；

　　　　F——脂肪烃对芳香烃影响的校正系数，为正十六烷在 2930cm^{-1} 和 3030cm^{-1} 处的吸光度之比。

最后，测量水样总油的吸光度 $A_{1.2930}$、$A_{1.2960}$、$A_{1.3030}$ 和除去动、植物油后的萃取液吸光度 $A_{2.2930}$、$A_{2.2960}$、$A_{2.3030}$，按照式（2-13）、式（2-14）和式（2-15）分别计算水样中的总油类质量浓度 ρ_1（mg/L）、石油类物质质量浓度 ρ_2（mg/L）和动、植物油质量浓度 ρ_3（mg/L）：

$$\rho_1 = \left[XA_{1.2930} + YA_{1.2960} + Z\left(A_{1.3030} - \frac{A_{1.2930}}{F}\right)\right]\frac{V_0 fl}{VL} \qquad (2\text{-}13)$$

式中　V_0——萃取水样溶剂定容体积，mL；

　　V ——水样体积，mL；

　　f——萃取液稀释倍数；

　　l——测定吸光度校正系数时所用比色皿光程，cm；

　　L——测定水样吸光度时所用比色皿光程，cm。

$$\rho_2 = \left[XA_{2.2930} + YA_{2.2960} + Z\left(A_{2.3030} - \frac{A_{2.2930}}{F}\right)\right]\frac{V_0 fl}{VL} \qquad (2\text{-}14)$$

$$\rho_3 = \rho_1 - \rho_2 \qquad (2\text{-}15)$$

该方法适用于含油量大于 0.1mg/L 的各类水中石油类和动植物油的测定，适用范围广。

（3）非色散红外吸收法

石油类物质的甲基（—CH$_3$）、亚甲基（—CH$_2$—）对近红外光区（3.4μm）的光有特征吸收，用非色散红外吸收测油仪测定。标准油可采用受污染地点水样的溶剂萃取物。根据我国原油组分特点，也可采用混合石油烃作为标准油，其组成（体积比）为十六烷∶异辛烷∶苯=65∶25∶10。测定前先在水样中加入硫酸酸化，然后加入氯化钠破乳化。再用四氯化碳萃取，萃取液经无水硫酸钠层过滤后，定容，用非色散红外吸收测油仪测定。如水中含甲基、亚甲基的有机物将干扰测定结果；水中有动、植物油脂及脂肪酸提前去除，以免影响结果。此外，石油中有些较重的组分不溶于四氯化碳，导致结果偏低。该方法适用于测定 0.02mg/L 以上的含油水样，可测定各种类型水中石油类和动植物油。当取样量为 0.5～5L 时，测定范围是 0.02～1000mg/L。

2.3 水污染连续自动监测

2.3.1 水污染连续自动监测系统

水污染连续自动监测系统是指对污染源排放的废水（经过处理的或未经过处理的）以及地表水和地下水被污染的情况进行连续自动采样、测定、传输和数据处理的实时监测网。自动监测系统可对重点水域进行连续的水质监测，对于掌握水质情况、提高监管水平具有重要意义。

（1）组成

水污染连续自动监测系统是由若干个水污染固定监测站、数据通信系统和一个监测中心站三部分组成。监测站有连续采样装置、水污染连续监测仪器、水文气象参数测定仪器以及水样存储装置等。各监测站连续测出的数据，经有线电或无线电通信系统定时（例如每小时一次）传送至监测中心站。监测中心站设有电子计算机和各种外围设备，定时收集数据、处理数据及存储数据，并可向各监测站发出遥控指令。如某一固定监测站的污染程度超标时，立即指令该站的采样装置启动，采集并存储此时的水样或采取必要的措施等。

各子站装备有采水设备、水质污染监测仪器附属设备，水文、气象参数测量仪器，微型计算机及无线电台。子站的任务是对设定水质参数进行连续或间断自动监测，将测得的数据储存并作必要处理；接受中心站的指令并通过无线电传递系统将数据传递给中心站。

采水设备主要包含网状过滤器、泵、送水管道和高位储水槽等，一般配备两套，便于在一套停止工作进行清洗时自动开启备用采水设备。采水泵可使用潜水泵或吸水泵。潜水泵因浸入水中易被腐蚀，寿命较短，适用于送水管道较长的情况；吸水泵不易腐蚀，适合长期使用。采水设备可在电脑控制下自动进行定期清洗。清洗方式可用压缩空气压缩喷射清洁水、超声波或化学试剂清洗，可选择一种或几种。

水样有两种方式进入传感器，一种把传感器直接浸入被测水体中；另一种是用泵把被测水抽送到检测槽，传感器在检测槽内进行检测。第二种方式能保证水样通过传感器时有一定的流速，适合需进行预处理的项目测定，所以目前几乎都采用这种方式。

（2）子站布设及监测项目

对水污染连续自动监测系统各子站的布设，首先要全面收集水体的水文、气象、地质和地貌、水体功能、污染排放现状、污染物和重点水源保护区等基础资料，根据建站条件、环境条件和安全性分析确定各子站的位置，所取站点应能代表监测水体的状况和变化趋势。

水质自动监测站主要包含采水单元、配水和预处理单元、自动监测仪单元、自动控制和通信单元、站房及配套设施等。

采水单元主要由采水泵、输水管道、排水管道及调整水槽等组成。采水头通常设置在水面下 0.5~1.0m 处，与水底要留有足够的距离，使用潜水泵或吸水泵采集水样。预处理单元是为了满足监测仪器对沉降时间和过滤精度的要求而设置的，包括去除水样中泥砂的过滤、沉降装置，手动和自动管道反冲洗装置及除藻装置等。

配水单元直接向自动监测仪供水，其提供的水质、水压和水量均需满足自动监测仪的要求。预处理单元是为了满足监测仪器对沉降时间和过滤精度的要求而设置的，包括去除水样中泥沙的过滤、沉降装置，手动和自动管道反冲洗装置及除藻装置等。

自动监测仪单元是监测系统的核心部分，装有各种污染物连续自动监测仪、自动取样器及水文参数（流量或流速、水位、水向）测量仪等。

自动控制和通信单元包括计算机及应用软件、数据采集及存储油设备、有线和无线通信设备等，具有处理和显示监测数据，根据对不同设备的要求进行远程控制，实时记录采集到的异常信息并自动保存和加密，将信息和数据传输至远程监控中心等功能。

站房应配有水电供给设施、空调机、避雷针、防盗报警装置等。

世界上许多国家都已经建立了以监测水质污染综合指标及某些特点项目为基础的水污染连续自动监测系统。监测站的监测项目根据水源的主要用途及监测站的主要任务而定。通常监测的项目有：

一般指标：水温、pH 值、电导率、氧化还原电位、溶解氧、浊度、悬浮物等。

水质的污染程度指标：BOD、COD、TOC、TOD、UVA 吸收值等。

水质的污染物：金属离子、氰化物、酚、农药等。

水质的生物指标：大肠杆菌群数、细菌总数等。

水文气象参数：流量、流速、水深、潮级、风向、风速、气温、湿度、日照量、降雨量等。

2.3.2 水污染连续自动监测仪

（1）五项常规指标自动监测仪

五项常规指标包含水温、溶解氧、pH 值、电导率、浊度。五项常规指标测定方法简单，应用广泛，可将五种监测仪安装在同一机箱内使用。

（2）综合指标自动监测仪

① 高锰酸盐指数自动监测仪。其原理是在样品中加入已计量的高锰酸钾溶液和硫酸溶液，混合后进行消解，高锰酸钾将样品中的有机污染物质氧化，然后加入定量的草酸钠溶液还原剩余的高锰酸钾，再用高锰酸钾溶液回滴过量的草酸钠，通过氧化还原电位来判断滴定终点，最后仪器自动计算得出高锰酸盐指数值。

在自动控制系统的控制下，将水样、硝酸银溶液、硫酸溶液和 0.01mol/L 高锰酸钾溶液按顺序加入并混合后放入油浴池中加热消解 30min，然后自动加入过量的 0.01moL/L 草酸钠溶液还原剩余的高锰酸钾，过量草酸钠溶液再用 0.01mol/L 高锰酸钾溶液自动滴定。仪器通过氧化还原电位（ORP）判定滴定终点，并通过指示电极系统（电极和甘汞电极）发出信号，停止滴定。数据处理系统自动计算并直接显示或记录高锰酸盐指数。完成一次测定后，仪器自动排出反应液，并且清洗，准备测定下一个样品。每一测定周期需 1h。

② 化学需氧量（COD）自动监测仪。COD 自动监测仪有流动注射-分光光度式 COD 自动监测仪、程序式 COD 自动监测仪和库仑滴定式 COD 自动监测仪。程序式 COD 自动监测仪的工作原理与高锰酸盐指数自动监测仪相同，只是所用氧化剂不同。恒电流库仑滴定式 COD 自动监测仪也是将各项操作自动化，只是用库仑滴定法测定氧化水样后剩余的重铬酸钾，根据剩余和加入的重铬酸钾消耗的电荷量的差值计算出水样的 COD。

流动注射式 COD 自动监测仪的工作原理是在自动控制系统的控制下，载流液（含重铬酸钾和稀硫酸）由陶瓷恒流泵连续输送至反应管道中，并在向前流动过程中水样与载流液渐渐混合，在高温、高压条件下快速消解后，经过冷却，流过流通式比色池，由光电比色计测量液流中的 Cr^{6+} 对 610nm 和 420nm 波长处光吸收后透过光强度的变化值，获得具有峰值的响应曲线，将其峰高与标准水样的峰高比较，自动计算出水样的 COD。完成一次测定后，自动清洗管道，准备下一次测定。

③ 生化需氧量（BOD）监测仪。微生物膜式 BOD 快速测定仪包含液体输送系统、传感器系统、信号测量系统及程序控制系统、数据处理系统等。在计算机的控制下，首先将定量的中性磷酸盐缓冲溶液输入到微生物膜传感器下端的发送池，并在 30℃ 恒温水浴中加热，因为不含有机物，传感器输出信号为一稳态值。当水样以恒定流量流入到缓冲溶液并混合后流入发送池。如果水样中含有有机物，会导致传感器输出信号降低，并且和 BOD 物质的浓度有定量关系，经计算后直接输出 BOD 值。完成一次测定后，自动用清水清洗输液管路和发送池，等待下一次测定。该法测定一次需要 30min。

④ 总有机碳（TOC）自动监测仪。TOC 自动监测仪有燃烧氧化-非色散红外吸收 TOC 自动监测仪和紫外照射-非色散红外吸收 TOC 自动监测仪，是根据非色散红外吸收的原理设计的。由于一定波长的红外线被二氧化碳选择吸收，在一定浓度范围内二氧化碳对红外线吸收的强度与二氧化碳的浓度成正比，故可对水样 TOC 进行定量测定。

第一种方法测定时，定量泵将水样送入混样槽，并和定量的稀盐酸混合。调节 pH 值至 2~3，使碳酸盐变为二氧化碳，经过除气槽时随氮气排出。然后将除去无机碳的水样和氧气一起送入 850~950℃ 的燃烧室，水中的有机物燃烧变成二氧化碳，除去水蒸气后用非色散红外分析仪测定。

第二种方法测定时将水样、催化剂（TiO_2 悬浮液）、氧化剂（过硫酸钾溶液）输送到反应池，在紫外线的照射下，水样中的有机物氧化分解为二氧化碳和水，被除湿后，用非色散红外分析仪测定二氧化碳浓度，并换算成水样的 TOC。该方法不需要高温，易于维护，但灵敏度比燃烧氧化-非色散红外吸收法低。

⑤ 紫外吸收值（UVA）自动监测仪。含有共轭双键或多环芳烃的有机物对紫外线有吸收作用，而无机物吸收很小。因此，通过测量水样在 254nm 紫外线的吸收程度，就可以评估水体中有机物污染的程度，来衡量水中有机污染物总量。

紫外吸收在线监测仪由控制器和测量探头组成。测量探头工作时，需要浸没在水中，或将水抽提上来，流过狭缝。探头中低压汞灯发出的 254nm 紫外线光束穿过狭缝时，其中部分光线被狭缝中流动的样品所吸收，约 90% 的光线则透过样品，聚焦并射到与光束成 45° 角的半透射半反射镜后，被一分为二，50% 的光线经紫外滤光片得到 254nm 的紫外线（测定光束），由样品检测器检测，反映了有机物对 254nm 光的吸收和水中悬浮粒子对该波长光吸收及散射的衰减程度。另外 50%的光线由参比检测器检测，经可见光滤光片滤去紫外线（参比光束）射到另一光电转换器上，将光信号转换为电信号，它是水中悬浮物对参比光束（可见光）吸收和散射后的衰减程度。两束光的电信号经差分放大器做减法计算，得出水中有机物对 254nm 的吸收。在线监测仪测量探头特有的双光束结构，可以有效地消除样品中浊度、电源的波动、元器件老化等因素对测量结果的干扰，提高了测量精度。

（3）单项污染指标自动监测仪

① 总氮（TN）自动监测仪。TN 自动监测仪的测定原理：将水中的氮化物经氧化分解成 NO 或 NO_2、NO_3^-，然后用化学发光法或紫外分光光度法测定。主要有三种 TN 自动监测仪。

a. 紫外氧化分解-紫外分光光度 TN 自动监测仪：其原理是将水样、碱性过硫酸钾溶液在反应池混合，在 70℃和紫外线照射下消解，将水样中的氮化物中的氮元素转化为 NO_3^-；加入盐酸去除 CO_2 和 CO_3^{2-}，在 220nm 下测定吸光度，通过标准曲线计算水样 TN 浓度，并显示和输出数据。

b. 催化热分解-化学发光 TN 自动监测仪：在催化剂的作用下，微量水样在高温燃烧管中燃烧氧化，含氮化合物分解生成 NO，并由载气携带经冷却并除去水蒸气后与 O_3 发生化学发光反应，生成 NO_2，当 NO_2 跃迁到基态时发射出光电子，光信号由光电倍增管接收放大，并转化成电信号。在一定条件下，化学发光的强化电信号和 TN 含量呈正比，通过标准曲线，自动计算 TN 浓度。

c. 流动注射-紫外分光光度 TN 自动监测仪：该法的原理是利用流动注射系统，将水样和载液（NaOH 溶液）、过硫酸钾溶液混合，流入 150～160℃的毛细管中进行消解，将含氮化合物氧化全部分解生成 NO_3^-，然后用紫外分光光度法测量 NO_3^- 浓度，并换算成 TN 浓度。

② 总磷（TP）自动监测仪。总磷自动监测仪主要有分光光度式 TP 自动监测仪和流动注射-分光光度式 TP 自动监测仪。它们的原理都是先将水样消解，将不同价态的含磷化合物氧化分解为磷酸盐，经显色后在 700nm 下测定吸光度，通过标准曲线计算出水样 TP 浓度。

分光光度式 TP 自动监测仪是将手动测定的方法自动化。

流动注射-分光光度式 TP 自动监测仪的工作原理是在电脑的控制下，由载流液（H_2SO_4 溶液）载带水样和过硫酸钾溶液进入毛细管，加热至 150～160℃消解，将水样中含磷化合物氧化分解为正磷酸盐，然后和输入的酒石酸锑钾-钼酸铵溶液在显色管生成黄色磷钼杂多酸，再加入抗坏血酸溶液，生成磷钼杂多蓝，最后流入流通式比色池，在 700nm 下测定吸光度，经过处理后与标准溶液的吸光度比较，自动计算水样 TP 浓度，并输出记录结果。

③ 氨氮自动监测仪。根据仪器的测定原理可以分为分光光度式和氨气敏电极式两种。

分光光度式氨氮自动监测仪：这类仪器有两种类型，一种是在电脑的控制下，自动采集水样输送到蒸馏器，然后加入氢氧化钠溶液，加热蒸馏，使水样中的离子态氨转化成游离氨，进入吸收池被酸（硫酸或硼酸）溶液吸收后，输送到显色反应池，加入显色剂（水杨酸-次氯酸盐溶液或纳氏试剂）进行显色反应，再送入比色池测其对特征波长（前一种显色剂为 697nm，后一种显色剂为 420nm）的吸光度，通过与标准溶液的吸光度比较，自动计算水样中氨氮浓度。测定结束后，自动用清洁水清洗测定系统，等待测定。一个周期需要 1h。

第二种类型是流动注射-分光光度式氨氮自动监测仪，其工作原理是在电脑的控制下，由载流液（NaOH 溶液）载带水样在毛细管内混合并进行富集后，送入气液分离器的分离室，释放出的氨气透过透气膜，被输送至另一毛细管内，被酸碱指示剂（溴百里酚蓝）溶液吸收，发生显色反应，然后用分光光度计测定其特征光的吸光度，并通过标准曲线自动计算出水样的氨氮浓度。该法测定一次只要 10min，且不需要预处理。

氨气敏电极式氨氮自动监测仪：在电脑的控制下，自动采集水样送入测量池，水样中的离子态氨在氢氧化钠的作用下转化成游离氨，并透过氨气敏电极的透气膜进入电极内部的溶液，导致 pH 发生变化，通过测量 pH 的变化并根据标准曲线自动计算水中的氨氮浓度。该仪器构造简单，测定范围宽，但电极易受污染。

第 **3** 章
废水处理技术

废水排放要达到国家和地方的排放标准，就需要进行废水处理。废水处理根据进水水质，采用物理的、化学的和生物的工艺和技术，将废水中的污染物质分离去除，将有害物质转化为无害物质并回归自然，最终使废水净化达到排放标准。现代废水处理技术根据不同的角度，有不同的分类方法。废水处理技术根据其作用机理可分为物理处理法、化学与物理化学处理法和生物处理法三类。

3.1 废水的物理处理法

物理处理法是利用物理作用分离、回收废水中主要呈漂浮或悬浮状态的污染物的处理方法，在处理过程中不改变污染物的化学性质。物理处理法一般只是一定程度上的净化，处理后的废水达不到排放标准。然而，由于其具有设备简单、运行费用低、工艺成熟等特点，使其广泛应用于废水处理的预处理阶段。目前，国内外常用的物理处理法有筛滤截留法（格栅、筛网、过滤等）、重力分离法（沉砂池、沉淀池、隔油池、气浮池等）、离心分离法（离心机、旋流分离器等）和高梯度磁分离法等。

3.1.1 筛滤截留法

废水筛滤截留法是废水物理处理法的一种，指利用留有孔眼的装置或由某种介质组成的滤层截留废水中悬浮杂质的方法。使用设备一般有格栅、筛网、过滤设备等。

（1）格栅

格栅由一组或数组平行的金属栅条、塑料齿钩或金属筛网、框架及相关装置组成，倾斜安装在废水渠道、泵房集水井的进水口处或废水处理构筑物的前端，用来截留废水中较粗大漂浮物和悬浮物，如纤维、碎皮、毛发、果皮、蔬菜、木片、布条、塑料制品等，防止堵塞和缠绕水泵机组、曝气器、管道阀门、处理构筑物、配水设施、进出水口，减少后续处理产生的浮渣，保证废水处理设施的正常运行。

格栅按形状可分为平面格栅和曲面格栅两种。平面格栅由栅条与框架组成，曲面格栅又可分为固定曲面格栅与旋转鼓筒式格栅两种。格栅按栅条的净间距可分为粗格栅、中格栅、细格栅和超细格栅四种。由于格栅是物理处理法的重要设施，故新设计的污水处理厂一般采用粗、中两道格栅，甚至采用粗、中、细三道格栅。超细格栅一般用在对进水颗粒和纤维类杂质控制要求较高的工艺，如膜生物反应器等工艺前。

被格栅截留的杂质称为栅渣，栅渣的数量与服务地区的情况、废水排水系统的类型、废水流量及栅条的间隙等因素有关。按清渣方式，格栅可分为人工清渣和机械清渣格栅两种。人工清渣格栅适用于小型污水处理厂。当栅渣量大于 $0.2m^3/d$ 时，为改善工人劳动与卫生条件，都应采用机械清渣格栅。回转式机械格栅和转鼓式机械格栅是经常采用的设备。

① 回转式机械格栅。回转式机械格栅是一种可以连续自动清除栅渣的格栅。它由许多个相同的耙齿交错平行构成的一组封闭的耙齿链，通过机械装置的带动，在一系列的转轮和钢链上，进行持续的循环运动来清除所产生的栅渣。在迎水面，耙齿由下向上运动将废水中漂浮物捞出至顶端翻转后卸下。耙齿链在转动到格栅上部的时候，错位现象会在每一组耙齿间发生，大部分固体污染物靠重力作用落到渣槽内，当固体污染物脱落不完全时，污染物很容易被格栅带到栅后渠道中，会对后续的废水处理造成不利影响。

② 转鼓式机械格栅。转鼓式机械格栅是一种集细格栅除污机、栅渣螺旋提升机和栅渣螺旋压榨机于一体的设备。废水从转鼓的中心流进来，再从转鼓的两边流出去，栅渣被截留。耙齿不停地转动清理污染物，将栅渣聚集运送到栅框顶部，利用水的冲洗作用和所聚集污染物自身的重力作用，栅渣卸入渣槽中，再由槽底螺旋输送器提升至上部压榨脱水后排出，同时从栅渣中脱出来的水被输送到其他工艺单元进行处理。

（2）筛网

筛网是用金属丝或纤维丝编织而成的，能去除和回收废水中微小的悬浮物。筛网分离具有简单、高效、运行费用低廉等优点，一般用于规模较小的废水处理。筛网的去除效果相当于初次沉淀池的作用，目前普遍采用生物脱氮除磷工艺处理城镇污水，很多污水处理厂都存在碳源不足的问题，采用细筛网或格网代替初次沉淀池，既可以节省占地，又可以保留有效的碳源。

筛网不同于一般网状产品，而是有严格的系列网孔尺寸，是有对物体颗粒进行分级、筛选功能的符合行业、机构、标准认可的网状产品。筛网有很多种，主要的两种是振动筛网和水力筛网。

① 振动筛网。废水由渠道流过振动筛网进行水和悬浮物的分离，并利用机械振动，将呈倾斜的振动筛网上截留的纤维等杂质卸到固定筛网上，进一步滤去附在纤维上的水。

② 水力筛网。水力筛网呈截顶圆锥形，中心轴呈水平状态，锥体则呈倾斜状态。废水从圆锥体的小端进入，水流在从小端到大端的流动过程中，纤维状污染物被筛网截留，水则从筛网的细小孔中流入集水装置。由于整个筛网呈圆锥体，被截留的污染物沿筛网的倾斜面卸到固定筛网上，以进一步去除水。

（3）过滤

在常规水处理过程中，过滤一般是指以石英砂等粒状滤料层截留水中悬浮杂质，从而获得澄清水的工艺。滤池通常置于沉淀池和澄清池之后，是水澄清处理的最终工序，也是水质净化工艺中不可缺少的处理过程。过滤能够除去经过二级处理之后的废水中的悬浮固体和胶状物质，因此废水中 SS 的含量会有大幅度的减少，出水中的有机物、TP、细菌乃至病毒等将随着水的过滤而被有效去除，且废水中色度和浊度等指标也能通过过滤处理来达到理想的处理效果。常见的过滤设备如下。

① 滤布过滤器。滤布过滤器是由一系列水平安装，并且可以旋转的过滤转盘组成。转盘需要有支架对其进行支撑，对构成这些支架的材质要求比较严格，要求具有长期耐腐蚀的特点，实际应用中一般为不锈钢。同时，要用滤布将这些转盘包裹起来，滤布的强度要求很高。中空管上安置过滤转盘，废水从过滤器外部流入，穿流进入内部，达到过滤的目的，最后通过中空管来收集过滤后的出水。滤布过滤器占地面积小，安装简单，运行处理成本低，且被截留的污染物较容易清理。

② V形滤池。V形滤池是一种重力式快滤池，实际应用中过滤层常选择石英砂。V形滤池过滤层一般比较粗厚，石英砂颗粒均匀，过滤效果好。V形滤池具有过滤速率快、工作寿命长、反冲洗效果理想、管理方便、节约能耗等优点。

③ 连续流砂过滤器。连续流砂过滤器内装有一定量滤料对废水进行过滤，滤料一般选用均质石英砂，同时对滤料的厚度也有一定的要求。待处理的废水通过进水管流入，经过过滤器底端的布水器进入到过滤器内，从而实现对废水的过滤净化。水流的方向为从下向上，以逆流的方式流过滤床，在过滤器的顶部集聚滤液排出。过滤器顶部的洗砂设备是用来接收过滤器底端被污染的滤料，滤料可以被提升上去，截留的污染物从连续流砂中分离出来，同时污染物经过清洗水出口被排放出去，净砂因自重作用返回到砂床，从而实现连续过滤的目的。连续流砂过滤器具有抗冲击能力强、不需要反冲洗、自动化程度高、使用寿命长等优点。

3.1.2 重力分离法

废水重力分离处理法是废水物理处理法的一种，利用重力作用原理使废水中的悬浮物与水分离，去除悬浮物而使废水净化的方法。重力分离处理法可分为沉降法和上浮法，悬浮物密度大于废水的沉降，小于废水的上浮。影响沉降或上浮速度的主要因素有：颗粒密度、粒径大小、液体温度、液体密度和绝对黏滞度等。这类物理处理法是最常用、最基本的废水处理法，应用广泛，一般作为处理过程中的某一个工序，与其他处理方法结合使用，使废水中的悬浮杂质得到处理。

（1）沉砂池

沉砂池是通过控制进入池中废水的流速或旋流速度，利用重力或离心力作用使相对密度较大的无机颗粒下沉，而有机悬浮颗粒会被水流带走。沉砂池的设置目的是去除废水中泥砂、煤渣等相对密度较大的无机颗粒，防止砂粒磨损设备，板结在池底部，堵塞废水和污泥管道等，保证后续处理构筑物的正常运行。

一般认为粒径大于 0.21mm 的砂粒是造成后续处理问题的最主要原因，所以传统上沉砂池设计是基于去除粒径 0.21mm（65 目）以上，密度为 $2.65t/m^3$ 的砂粒，但除砂数据分析表明，沉砂的密度范围在 $1.3\sim2.7t/m^3$ 之间，而且现已有沉砂池能够做到去除 0.11mm（140 目）砂粒 70%以上。

在城镇污水处理厂的建设中，沉砂池占整个污水处理厂的用地比例和投资比例都极少，但若处置不当，会给污水处理厂正常运行带来很大困难。常用的沉砂池种类有平流式沉砂池、曝气沉砂池和旋流沉砂池等。

（2）沉淀池

沉淀处理是指在重力作用下，将密度大于水的悬浮固体从水里分离出来。按工艺布置的不同，沉淀池可分为初次沉淀池（简称初沉池）和二次沉淀池（简称二沉池）。初沉池可较经济有效地去除污水中悬浮固体，同时去除一部分呈悬浮状态的有机物，以减轻后续生物处理构筑物的有机负荷。初沉池通常是位于生物处理构筑物前的沉淀池，是污水一级处理的重要构筑物，在自然沉淀的情况下，一般 SS 去除率为 40%～55%，同时 BOD_5 去除率可达到 20%～30%，可改善后续生物处理构筑物的运行条件，降低其有机负荷。有时初沉池也单独使用，对污水进行一级处理后排放。二沉池是生物处理系统的重要组成部分，它的作用主要是用来分离浓缩活性污泥或去除生物膜法中脱落的生物膜，使处理后的出水得以澄清和污泥浓缩，并可提高回流活性污泥的含固率。

依据沉淀池在污水处理和污泥处理流程中的位置，可分为初沉池、二沉池和污泥浓缩池；按是否加注化学药剂可分为自然沉淀池和化学沉淀池两类；按沉淀池的水流方向分类，一般可分为平流式沉淀池、辐流式沉淀池、竖流式沉淀池、斜流式沉淀池等形式。几种沉淀池的优缺点和适用条件见表 3-1。

表 3-1　几种沉淀池优缺点和适用条件

池型	优点	缺点	适用条件
平流式	① 沉淀效果好； ② 对冲击负荷和温度变化的适应能力较强； ③ 施工简易，造价低； ④ 平面布置紧凑； ⑤ 排泥设备已趋于定形	① 采用多斗排泥时，每个泥斗需单独设排泥管各自排泥，操作量大； ② 采用机械排泥时，大部分设备位于水下，易腐蚀	① 适用于大、中、小型污水处理厂； ② 适用各类地质条件
辐流式	① 多为机械排泥，运行可靠，管理较简单； ② 排泥设备已定形化	① 池中水流速度不稳定； ② 机械排泥设备较复杂，对施工质量要求高	① 适用于大、中型污水处理厂； ② 适用于地下水位较高的条件
竖流式	① 排泥方便，管理简单； ② 占地面积较小	① 池子深度大，施工困难； ② 对冲击负荷和温度变化的适应能力较差； ③ 池径不宜过大	① 适用于小型污水处理厂； ② 常用于地下水位较低的条件
斜流式	① 停留时间短，沉淀效率高； ② 池容积小，占地面积小	① 斜管（板）耗用材料多，且价格较高； ② 排泥较困难； ③ 易滋生藻类	① 适用于原有沉淀池的改建、扩建和挖潜； ② 用地紧张时适用于初沉池

（3）隔油池

隔油池是利用油滴与水的密度差产生上浮作用来去除含油废水中可浮性油类物质的一种废水预处理构筑物。隔油池是利用自然上浮法进行油、水分离的装置。隔油池的类型很多，常用的类型主要是平流式隔油池和斜板式隔油池两种。

普通平流式隔油池与沉淀池相似，废水从池子的一端进入，从另一端流出，由于池内水平流速很小，一般为 2～5mm/s，废水中密度小于水的轻油滴在浮力作用下上浮，并且聚积在池的表面，通过设在池面的集油管和刮油机收集浮油。收集的浮油一般可以回用，而密度大于水的杂质则沉于池底。

斜板式隔油池，通常采用波纹形斜板，板间距约 40mm，倾角不小于 45°，废水沿板面向下流动，从出水堰排出，水中油滴沿板的下表面向上流动，经集油管收集排出。这种形式的隔油池可分离油滴的最小粒径约为 80μm，相应的上升速度约为 0.2mm/s，表面水力负荷为 0.6～0.8m³/(m²·h)，停留时间一般不大于 30min。

为了保证隔油池的正常工作，池表面一般要加盖板，以防火、防雨、保温及防止油气挥发而污染大气。在寒冷地区或季节，为了增大油的流动性，隔油池内应采取加温措施，如在池内每隔一定距离设蒸汽管保温。

隔油池的浮渣，以油为主，也含有水分和一些固体杂质。对石油工业废水而言，含水率有时可高达 50%，其他杂质一般在 1%～20%。仅仅依靠油滴与水的密度差产生上浮而进行油水分离，油的去除效率一般为 70%～80%，隔油池的出水仍含有一定数量的乳化油和附着在悬浮固体上的油分，一般较难降到排放标准以下，需要进行后续处理。

（4）气浮池

气浮法是指采用某种方式，向水中通入大量微小气泡，在一定条件下，使呈表面活性的待分离物质吸附或黏附于上升的气泡表面而上浮到液面，从而使其得以分离的方法。气浮法是一种有效的固-液和液-液分离方法，常用于从水中去除那些颗粒密度接近或小于水的细小颗粒，包括悬浮物、油类和脂肪等，在给水、工业废水及生活污水处理方面得到广泛应用。与其他分离设备相比，气浮设备具有投资少、占地面积小、自动化程度高、操作管理方便等特点。

气浮工艺的原理是在废水中加入表面活性物质后，其非极性端向着气相，而其极性端与水相中待分离的离子或极性分子通过物理或化学作用结合在一起，当通入微气泡时，表面活性剂就将这些物质连在一起，定向排列在气-液界面，被微气泡带到液面上形成泡沫层，进而分离除去。按产生微气泡的方法，气浮法一般可分为三类：电解气浮法、分散空气气浮法和溶解空气气浮法。

气浮池是能提供一定容积和池表面积，使大量微气泡与水中细小的悬浮颗粒充分混合、接触、黏附，并使带气絮体与水分离的废水处理构筑物。气浮池一般由絮凝室、气泡接触室、分离室三部分组成，分别完成水中絮体的形成与生长，微气泡对絮体的黏附、捕集，带气絮体与水的分离等过程。除气浮池外，需有其他附属设施与之组合，如压力溶气气浮池需配有压力溶气罐和溶气释放器等装置。

气浮池已广泛应用于原水浊度低、藻类多、温度低、色度高、溶解氧低的供水净化处理上，同时也广泛应用于石油化工、造纸、印染等多种行业的废水处理上，并可用于回收废水中有用的物质。目前已经开发出各种形式的气浮池，应用较为广泛的有平流式气浮池和竖流式气浮池两种。

平流式气浮池是目前最常用的一种形式，即反应池与气浮池合建。废水进入反应池完全混合后，经挡板底部进入气浮接触室以延长絮体与气泡的接触时间，然后由接触室上部进入分离室进行固液分离。平流式气浮池的优点是池身浅、造价低、构造简单、运行方便。缺点是分离部分的容积利用率不高。

竖流式气浮池的基本工艺参数与平流式气浮池相同。其优点是接触室在池中央，水流向四周扩散，水力条件较好。缺点是气浮池与反应池较难衔接，容积利用率较低。

3.2 废水的化学与物理化学处理法

化学处理法是通过化学反应和传质作用来分离、回收废水中呈溶解、胶体状的污染物或将其转化为无毒无害物质的处理方法。在化学处理法中，以投加化学药剂产生化学反应为基础的处理单元有混凝、中和、氧化和还原等；而以传质作用为基础的处理单元有萃取、汽提、吹脱、吸附、离子交换、反渗透和电渗析等（后两种又称膜分离技术）。在运用传质作用的处理单元中，既有化学反应，又有与之相关的物理作用，所以可以从化学处理法中分出另一类处理方法，称为物理化学处理法。化学处理法多用于处理工业废水。

3.2.1 中和法

（1）中和的基本原理

在工业生产中，酸和碱都是常用的原料。使用酸、碱的工厂往往有酸性废水和碱性废水产生。因为天然水的碱度是重碳酸盐（HCO_3^-），有一定的缓冲作用。少量的酸、碱废水混入大量的城市污水，不至于使后者的 pH 值偏离 7 过大。但是，酸性废水会腐蚀管道、破坏污水生物处理系统的正常运行、影响生态环境，碱性废水的危害程度与酸性废水相比稍小。

由于废水中所含酸或碱的量差异比较大，所以处理方法不尽相同。当废水中酸的质量分数大于 3%～5% 时，常称为废酸液；当废水中碱的质量分数大于 1%～3% 时，常称为废碱液。一般废酸液中的成分有无机酸、有机酸和金属盐类等，废碱液中的成分主要为苛性钠、碳酸钠及胺类等，这类高浓度废水应优先考虑采用特殊的方法回收或综合利用其中的酸和碱。酸的质量分数小于 3%～5% 或碱的质量分数小于 1%～3% 的酸性废水或碱性废水，回收价值比较小，常采用中和法处理。

中和法即通过化学的方法，用碱（碱性物质）中和酸性废水，或用酸（酸性物质）中和碱性废水，把废水的 pH 值调到 7 左右的过程。其原理是利用酸与碱发生中和反应生成盐和水。如果同一工厂或相邻工厂同时有酸性和碱性废水，可以先让两种废水相互中和，以废治废，然后再用中和剂中和剩余的酸或碱。有时为了满足某种条件，也需要将废水的 pH 值调节到某一特定值范围，这种处理操作称为 pH 调节。因此，中和法是工业废水处理中应用较广的一种处理技术。

（2）中和的工艺和设备

中和剂能制成溶液或浆料时，可用湿投加法。中和剂为粒料或块料时，可用过滤中和法。常用的碱性中和剂有石灰、电石渣、石灰石和白云石等，有时也采用苛性钠和碳酸钠。常用的酸性中和剂有废酸、粗制酸和烟道气等。

中和药剂的投加量，可按化学反应式进行估算。实际操作中通常是通过试验来确定。中和反应较快，废水与药剂边混合边中和，可用隔板构成狭道或用搅拌机械混合药剂和废水。水力停留时间采用 5～20min。中和池可间歇运行，也可连续运行。当废水量少、废水间断产生时，采用间歇运行更合理；当废水量大时，一般用连续处理。

烟道气含有 CO_2 和少量的 SO_2、H_2S，可用于中和碱性废水。用烟道气中和碱性废水时，可在塔式反应器中接触中和，如喷淋塔。碱性废水从塔顶用布液器喷出，流向填料床，烟道气则自塔底进入填料床。水、气在填料床逆向接触过程中，废水和烟道气都得到了净化。用烟道气中和碱性废水的优点是把废水处理与烟尘消除结合起来，缺点是处理后的出水中硫化物、色度和耗氧量一般会显著增加。

3.2.2 化学混凝法

（1）化学混凝的基本原理

化学混凝法是指向废水中投加一定量的混凝剂，利用混凝剂的离解和水解产物的作用，使废水中的微小悬浮颗粒和胶体颗粒在碰撞、吸附、黏着、架桥的作用下聚集成较粗大的颗粒而沉淀，从而使废水得以净化的一种方法。化学混凝法所处理的对象主要是废水中利用自然沉淀法难以沉淀除去的微小悬浮固体和胶体杂质，一般用于预处理和一级处理。混凝就是在废水中预先投加化学药剂（混凝剂）来破坏胶体的稳定性，使废水中的胶体和细小悬浮物聚集成可分离的絮凝体，通过对絮凝体进行沉降分离加以去除的过程。混凝在废水处理中的应用非常广泛，既可以降低原水的浊度和色度等感观指标，又可以去除多种有毒有害污染物。

胶粒与混凝剂作用，通过压缩双电层和电中和等作用，失去或降低稳定性，生成微粒或微絮粒的过程称为凝聚。凝聚生成的微粒或微絮粒在架桥物质和水流搅动下，通过吸附架桥和沉淀网捕等作用生长为大絮体的过程称为絮凝。混合、凝聚和絮凝合起来称为混凝。

化学絮凝一级强化处理对悬浮固体、胶体物质的去除均有明显的强化效果，可以用来降低废水的浊度和色度，对 SS 的去除率可达 90% 以上，对 BOD_5 的去除率可达 50%~70%，对 COD_{Cr} 的去除率可达 50%~60%，对磷的去除率一般都在 80% 以上；当连接后续生物处理时，可降低生物反应器运行的负荷和能耗。

（2）混凝剂

用于水处理中的混凝剂要求混凝效果良好、对人体健康无害、价廉易得、使用方便。混凝剂的种类较多，主要有无机盐类和高分子聚合物两大类。

① 无机盐类混凝剂。无机盐类主要有铁盐和铝盐等。铁盐和铝盐投入水中，三价的金属离子会与水中的 PO_4^{3-} 以及 OH 发生反应。与 PO_4^{3-} 结合会产生难溶的化合物 $AlPO_4$ 或 $FePO_4$，通过沉淀的方法就可以去除磷。与 OH 反应生成金属氢氧化物 $Fe(OH)_3$ 或 $Al(OH)_3$，通过凝聚作用、絮凝作用、沉淀分离，可以去除污水中的胶体物质和细小的悬浮物。由于进水磷酸盐的溶解性受 pH 值的影响，所以不同的絮凝剂各有其最佳的 pH 值范围。铁盐的最佳 pH 值范围是 6~7，铝盐的范围是 5~5.5。金属絮凝剂对磷的去除率很高，一般情况下，出水总磷含量可满足低于 1.0mg/L 的排放要求，但由于降低了废水的碱度，会对后续处理中的硝化带来一定影响。

② 高分子聚合物混凝剂。高分子聚合物混凝剂则分为无机和有机两类。其中，无机高分子混凝剂以聚合氯化铝、聚合硫酸铁为主；有机高分子混凝剂有天然的和人工合成的，我国当前使用较多的是人工合成的聚丙烯酰胺（PAM）。有机高分子混凝剂具有用量少、混凝速度快、形成的矾花密实等优点，但制造过程复杂，价格普遍较高。

（3）化学混凝的工艺和设备

化学混凝处理流程一般包括投药、混合、反应及沉淀分离等几个部分。它既可以作为独立的废水处理工艺处理废水，也可以和其他废水处理方法配合，作为预处理、中间处理或最终处理工艺来处理废水。

化学混凝法的主要设备有完成混凝剂与原水混合反应过程的混合槽和反应池，以及完成水与絮凝体分离的沉降池等。化学絮凝过程主要发生在反应池中，通过水力或机械搅拌，在水中形成速度梯度，使得颗粒相互碰撞，然后在一定条件下黏合在一起，从而形成絮凝体。为了增强絮凝效果，有时也在混合反应池中投加高分子聚合物。

3.2.3 化学沉淀法

（1）化学沉淀的基本原理

向废水中投加某种化学物质，使其与废水中某些溶解物质发生反应，生成难溶于水的盐类或氢氧化物沉淀下来，以达到降低废水中这些溶解性污染物含量的目的，这种方法称为化学沉淀法。废水处理中，常用化学沉淀法去除废水中的有害离子，其中阳离子如 Hg^{2+}、Cd^{2+}、Pb^{2+}、Cu^{2+}、Zn^{2+}、Cr^{6+} 等，阴离子如 SO_4^{2-}、PO_4^{3-} 等。

水中难溶解盐类服从溶度积原则，即在一定温度下，在含有难溶盐的饱和溶液中，各种离子浓度的乘积为一常数，也就是溶度积常数（K_S）。为去除废水中的某种离子，可以向水中投加能生成难溶解盐类的另一种离子，并使两种离子浓度的乘积大于该难溶解盐类的溶度积，形成沉淀，从而降低废水中这种离子的含量。需要特别说明的是，难溶和易溶是相对的，一般可用较难溶的物质作为沉淀剂去除能构成更难溶盐类中的某一离子。例如难溶盐 $CaSO_4$ 的 K_S 很低，为 2.45×10^{-5}，但 $BaSO_4$ 的 K_S 更低，为 0.87×10^{-10}，就可以用 $CaSO_4$ 作为沉淀剂去除废水中的 Ba^{2+}。

根据使用的沉淀剂不同，常见的化学沉淀法有氢氧化物沉淀法、硫化物沉淀法、碳酸盐沉淀法、钡盐沉淀法、卤化物沉淀法等。利用向废水中投加氢氧化物、硫化物、碳酸盐、卤化物等生成金属盐沉淀可以去除废水中的金属离子，向废水中投加钡盐可用于处理含六价铬的工业废水，生成铬酸盐沉淀，向废水中投加石灰生成氟化钙沉淀可以去除水中的氟化物。

在实际操作中，沉淀剂用量常以计算量为参考，以 pH 值为控制参数。因考虑反应速率，一般常采用过量操作。增加沉淀剂的使用量，可以提高废水中离子的去除率，但沉淀剂的用量也不宜过多，一般不要超过理论用量的 20%～50%。

（2）化学沉淀的工艺和设备

采用化学沉淀法处理工业废水时，产生的沉淀物一般不会形成带电荷的胶体，因此沉淀过程相对简单，采用普通的平流式沉淀池或竖流式沉淀池即可，且停留时间比生活废水或有机废水处理过程中的沉淀时间短。当用于不同的处理目标时，所需的投药和反应装置也不相同。有些药剂可以干式投加，有些则需要先将药剂溶解并稀释成一定浓度后按比例投加。有些废水或药剂有腐蚀性，采用的投药和反应装置要充分考虑防腐要求。

3.2.4 氧化和还原法

（1）氧化和还原的基本原理

在化学反应中，如果发生电子的转移，参与反应的物质所含元素将发生化合价的改变，称为氧化还原反应。失去电子的过程称为氧化，失去电子的物质被氧化；得到电子的过程称为还原，得到电子的物质被还原。氧化反应与还原反应是相互依存的，不能独立存在，共同组成氧化还原反应。氧化还原反应的实质是电子的得失或共用电子对的偏移。

氧化和还原法是指通过投加氧化剂或还原剂去除废水中有害物质的方法，即采用氧化或还原的方法改变废水中某些有毒有害化合物中元素的化合价以及改变化合物分子的结构，使剧毒的化合物变为微毒或无毒的化合物，使难以生物降解的有机物转化为可以生物降解的有机物。

（2）氧化法

废水氧化处理法是废水化学处理法的一种，是利用强氧化剂氧化分解废水中污染物或将其氧化为不溶于水、易于从水中分离的物质，以净化废水的方法，已成为治理生物难降解有机有毒污染物的重要手段，在印染、化工、农药、造纸、电镀、制药、医院、矿山、垃圾渗滤液等废水的处理中得到广泛应用。

常用的氧化剂可以分为两类：①氯类，包括气态氯、液态氯、次氯酸钠、次氯酸钙、二氧化氯等；②氧类，包括空气中的氧、纯氧、臭氧、过氧化氢、高锰酸钾等。

选择氧化剂时应考虑以下几个方面：①对废水中特定的污染物有良好的氧化作用；②反应后的生成物应是无害的或易于从废水中分离的；③价格便宜，来源广泛；④在常温下反应速度较快；⑤反应时不需要大幅度调节 pH 值等。

氧化处理法特别适用于处理废水中难以被生物降解的有机物，如绝大部分农药和杀虫剂，酚，氰化物以及引起色度、臭味的物质等。

（3）高级氧化技术

高级氧化工艺（advanced oxidation processes，AOPs）是利用化学反应过程中产生的具有强氧化能力的羟基自由基（·OH），将大分子难降解有机物氧化分解成低毒或无毒的小分子物质，甚至降解为 CO_2、H_2O 和无机盐的工艺。这类工艺采用两种或多种氧化剂联用发生协同效应，或者与催化剂联用，提高羟基自由基的生成量和生成速率，提高处理效率和出水水质。

羟基自由基是最具有活性的氧化剂之一，可以有效去除废水中的难降解有机物以及稳定性较强的有机物。此外，高级氧化技术还可以将大分子有机物分解为小分子的生物可利用有机物，有效改善废水的可生化性。根据产生自由基的方式和反应条件的不同，可将高级氧化技术分为光催化氧化、催化湿式氧化、光激发氧化、臭氧催化氧化、电化学氧化、芬顿氧化（Fenton）等。但这些工艺的处理成本较昂贵，目前主要应用于某些特种废水的处理。

（4）还原法

废水中的有些污染物，如六价铬毒性很大，可用还原的方法还原成毒性较小的三价铬，再使其生成 Cr（OH）₃沉淀而去除。又如一些难生物降解的有机化合物（如硝基苯），有较大的毒性，并对微生物有抑制作用，且难以被氧化，但在适当的条件下，可以被还原成另外一种化合物，进而改善了废水的可生物降解性和色度。废水处理中常用的还原剂有硫酸亚铁、铁屑、亚硫酸氢钠、硼氢化钠等。此外，还原法还有电解还原处理、铁碳内电解处理、Cu/Fe 催化还原、Cu/Al 催化还原等工艺。

3.2.5　吸附法

（1）吸附的基本原理

吸附法是利用多孔的固体吸附剂的表面与废水接触，使污水中某种或几种污染物发生累积、浓集，从而使废水得到净化的方法。根据吸附作用的不同，可分为物理吸附、化学吸附和离子交换吸附三种。其中，离子交换的实质是不溶性离子化合物（离子交换剂）上的交换离子与溶液中的其他同性离子的交换反应，是一种特殊的吸附过程，通常是可逆性化学吸附。

在等温吸附过程中，当两相在一定温度下充分接触，最后达到吸附质分子到达吸附剂表面的数量和吸附剂表面释放吸附质的数量相等，即达到吸附平衡。此时吸附质在溶液中的浓度称为平衡浓度。吸附剂吸附能力的大小以吸附量 q 表示，指单位质量的吸附剂所吸附的吸附质的质量，计算见式（3-1）。

$$q = \frac{(C_0 - C_e)V}{m} \qquad (3-1)$$

式中　q——吸附量，mg/g；

　　　C_0——原水吸附质的初始浓度，mg/L；

　　　C_e——吸附平衡时水中剩余吸附质的浓度，mg/L；

　　　V——废水的体积，L；

　　　m——吸附剂的投加量，g。

一定的吸附剂所吸附物质的数量与该物质的性质、浓度和温度有关。表明被吸附物质的量与浓度之间的关系式称为吸附等温式。等温吸附平衡已有众多学者从不同的模型和学说出发，推导和修正出各种吸附等温式。由于吸附机理比较复杂，这些吸附等温式只能适用于特定的吸附情况，较常用的吸附等温式有亨利吸附等温式、朗格缪尔（Langmuir）吸附等温式和弗罗因德利希（Freundlich）吸附等温式等。

在实际的吸附过程中，吸附需要的时间、吸附设备的大小都与吸附速率有关，吸附速率越快，所需要的时间就越短，吸附设备所需要的容积也就越小。吸附速率取决于吸附剂对吸附质的吸附过程。多孔吸附剂与溶液接触时，在固体吸附剂颗粒表面总存在着一层流体薄层，即液相界膜，吸附剂对吸附质的吸附过程可以理解为：吸附质首先要通过液相界膜扩散到吸附剂表面，称为颗粒的外扩散，或者称为膜扩散；然后吸附质通过细孔向吸附剂内部扩散，称为孔隙扩散；最后是吸附质在吸附剂内表面上吸附，称为吸附反应。吸附速率取决于上述三个过程，通常吸附反应速率非常快，因而吸附速率主要由外扩散和孔隙扩散速率控制。

吸附速率与吸附质颗粒直径有关，颗粒越小，内扩散阻力越小，扩散速率越快。吸附是溶剂、溶质和固体吸附剂三者之间的作用，因此，溶质、吸附剂和溶剂的性质都对吸附过程产生影响。

由于吸附法对水的预处理要求较高，有些吸附剂的价格较为昂贵，因此在废水处理中，吸附法主要用来去除废水中的微量污染物，达到深度净化的目的，应用范围包括脱色、除臭、去除废水中少量重金属离子、脱除有害的生物和难降解有机物、脱除放射性元素等；或是从高浓度的废水中吸附某些物质达到资源回收和再利用目的。在废水处理流程中，吸附法可作为膜分离等方法的预处理手段，也可作为二级处理后的深度处理手段，以保证回用水的水质。此外，离子交换吸附是水处理中软化和除盐的主要方法之一，在废水处理中主要用于去除污水中的金属离子。

（2）吸附剂

所有的固体表面可以说都或多或少地具有吸附作用，而作为工业用的吸附剂，必须具有较大的比表面积，较高的吸附容量，良好的吸附选择性、稳定性、耐磨性、耐腐蚀性，较好的机械强度，并且具有廉价、易得等特点。常用的吸附剂有活性炭（图 3-1）、硅藻土、

图 3-1　球形活性炭

铝矾土、黏土、磺化煤、粉煤灰以及吸附树脂等。当用活性炭等对废水进行处理时，可有效地去除色度、臭味，能去除水中大多数的有机污染物、某些无机物和某些有毒的重金属。由于其吸附了废水中难分解的有机物，不仅降低了废水的 COD 浓度，还使废水脱色、脱臭，表明吸附法是处理工业废水的一种有效的方法。然而，活性炭等吸附剂的再生困难、易流失等缺点也使处理成本增加，限制了其在工业上的广泛应用。

（3）吸附的工艺和设备

吸附操作可以间歇方式进行，也可以连续方式进行，但不论以何种方式，吸附操作均应包括下面三个步骤：①流体与固体吸附剂进行充分接触，使流体中的吸附质被吸附在吸附剂上；②将已吸附吸附质的吸附剂与流体分离；③进行吸附剂的再生或更换新的吸附剂。

因此，在吸附工艺流程中，除了吸附装置本身以外，一般都需要具有脱附及再生的设备。吸附装置主要的结构形式有混合接触式、固定床、移动床和流化床等。

3.2.6　膜分离法

（1）膜分离的基本原理

膜分离法是利用天然或人工合成膜，以外界能量和化学位差作为推动力，对水溶液中某些物质进行分离、分级、提纯和富集的方法的统称。膜分离能完成其他过滤所不能完成的任务，可以去除更细小的杂质，去除溶解态的有机物和无机物，甚至是盐。利用分子自然扩散的膜分离法是扩散渗析法，简称渗析法；利用电位差的膜分离法有电渗析法（ED）和倒极电渗析法；利用压力差的膜分离法有微滤、超滤、纳滤和反渗透。

膜过滤可以去除包括细菌、病毒和寄生生物在内的悬浮物；电渗析法主要用于污水脱

盐，金属离子回收等；反渗透作用主要通过膜表面的化学作用进行分离，可分离小粒径颗粒，除盐率较高，但是其所需的工作压力较大；超滤所用的材质和反渗透相同，但超滤是通过筛滤作用分离污染物的，分离的污染物粒径较大（如腐殖酸），透水率高，除盐率较低，工作压力小。国外实践经验表明，用反渗透和超滤处理二级出水，不仅能去除悬浮固体和有机物，而且能够去除溶解的盐类和病原菌等。

根据膜的选择透过性和膜孔径的大小及膜的电荷特性，可以将不同粒径、不同性质的物质分开，使物质钝化而不改变其原有的理化性质。同时，膜分离过程不会破坏对热不稳定的物质，而且不需投加药剂，可节省原材料和化学药品。因此，与常规废水分离处理方法相比，膜分离法具有能耗较低、单级分离效率高、不污染环境、分离过程中不发生相变、不需要加入其他物质、分离和浓缩同时进行、能回收有价值的物质等优点。此外，膜分离法适应性强，操作及维护方便，易于实现自控。膜分离法目前已广泛应用于印染废水、电镀废水、石油化工废水的处理中，且得到了较好的处理效果。

（2）膜分离的工艺及设备

在膜分离法中，物质透过薄膜需要动力，目前利用的有三种动力：①分子扩散作用力；②电力；③压力。膜分离工艺装置紧凑、操作方便、占地面积小、适用范围广、处理效率高、出水水质稳定可靠，一般不需要消毒。随着膜制造工艺的成熟，膜材料价格下降，膜分离技术的应用前景将十分广阔。不过，由于膜生物反应器能耗高，膜造价高且运行费用高，受温度、压力等条件限制，对化学物质较为敏感，易污染等这些问题，限制了其在城市废水处理方面的应用。

3.3　废水的生物处理法

生物处理法是通过微生物的代谢作用，使废水中呈溶解、胶体状态和某些不溶解的有机甚至无机污染物，转化为稳定、无害物质的处理方法。生物处理法是目前废水处理中应用最广泛和较为经济的一种方法。根据作用微生物类别的不同，生物处理法又可分为好氧生物处理和厌氧生物处理两种类型。好氧生物处理法是指好氧微生物在有氧环境中利用碳氧化或氮氧化作用将水中的碳、氮等污染物进行无害化或稳定化的处理，常用于处理城市废水和有机生产废水。好氧生物处理又分为活性污泥法（包括传统活性污泥法、阶段曝气法、生物吸附法、完全混合法、延时曝气法等）和生物膜法（包括生物滤池、生物塔、生物转盘、生物接触氧化法、生物流化床等）。厌氧生物处理法是指厌氧微生物在厌氧环境中将水中的碳、氮等污染物进行无害化的处理，多用于处理高浓度有机废水和废水处理过程中产生的污泥，随着对该方法研究的深入，目前也可用于处理城市废水和低浓度有机废水。此外，生物氧化塘（包括好氧塘、厌氧塘、兼性塘和曝气塘）、土地处理系统（包括地表漫流、慢速渗滤、快速渗滤和湿地处理系统）及微生物新技术等也是生物处理法。

3.3.1　好氧生物处理

好氧生物处理是废水中有分子氧存在的条件下，利用好氧微生物（包括兼性微生物，但主要是好氧微生物）降解有机物，使其稳定化、无害化的处理方法。微生物利用废水中存在的有机污染物（以溶解状和胶体状为主）为底物进行好氧代谢，经过一系列的生化反应，约有 1/3 最终转化成水、二氧化碳等无机物稳定下来，达到无害化的要求；约有 2/3 被转化，合成新的细胞物质，即进行微生物自身生长繁殖。后者就是污水生物处理中的活性污泥和生物膜的增长部分，通常称其为剩余活性污泥或生物膜，又称生物污泥。在污水生物处理过程中，生物污泥经固液分离后，需进一步处理和处置。

好氧生物处理的反应速率较快，所需的反应时间较短，故处理构筑物容积较小，且处理过程中散发的臭气较少，具有效率高、效果好、方便简单、使用广泛的特点，是废水生物处理的主要方法。所以，目前对中、低浓度的有机污水，或者 BOD_5 小于 500mg/L 的有机污水，适宜采用好氧生物处理法。

目前在处理废水过程中，常用的好氧生物处理法有活性污泥法和生物膜法两大类。

（1）活性污泥法

活性污泥法是利用悬浮在废水中的活性污泥对废水中的污染物进行吸附、氧化分解，从而达到净化废水的一种方法。普通活性污泥法或传统活性污泥法的工艺流程如图 3-2 所示，由曝气池、二次沉淀池（二沉池）、曝气设备以及污泥回流设备等组成。

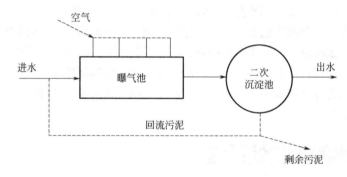

图 3-2　普通活性污泥法的基本流程

活性污泥法是向废水中连续通入空气，经一定时间后因好氧微生物繁殖而形成污泥状絮凝物。利用活性污泥的生物凝聚、吸附和氧化作用，以分解去除污水中的有机污染物。然后使污泥与水分离，大部分污泥再回流到曝气池，多余部分则排出活性污泥系统。

活性污泥法处理废水一般包括微生物的新陈代谢和活性污泥的物理化学作用两个主要过程。前一个过程是在废水处理过程中，水体中的有机污染物作为营养物质被活性污泥微生物摄取、代谢与利用，通过微生物群体的新陈代谢作用，使有机污染物转化为稳定的无机物，废水得到净化，同时微生物也获得增殖，使活性污泥得到增长，处理废水的能力更强。活性污泥法处理废水的物理化学作用一般包括黏附和附聚、吸附和吸收、有机物分解和有机物合成、凝聚与沉淀等几个过程。被活性污泥微生物去除的污染物主要有含碳有机物、含氮有机物和含磷有机物等。

自从 1914 年 Arden 和 Locket 发明了活性污泥法以来，根据反应时间、进水方式、曝气设备、氧的来源、反应池型等的不同，已经发展出多种不同类型的活性污泥工艺。根据反应器类型可分为传统推流式活性污泥法、阶段曝气法、完全混合法、吸附再生法、序批式活性污泥法（SBR）等；根据供氧类型可分为传统曝气法、渐减曝气法、纯氧曝气法等；根据污染物负荷类型可分为传统负荷法、高负荷曝气法等。这些工艺是以克服工艺中问题为目标而进行的长期不懈的反复实验过程中发展起来的，各有特点和最佳的适用条件，选用时须慎重区别对待，因时因地加以选择。

（2）生物膜法

生物膜法是利用好氧微生物、原生动物和后生动物等附着在载体表面形成的生物膜对废水中的有机污染物进行吸附、降解，使其转化为水、CO_2、NH_3和微生物细胞物质等，达到废水净化的目的，其处理废水过程也是一个有机物降解和微生物生长繁殖同步进行的过程。生物膜法根据其所依附的构筑物分为生物滤池、生物转盘、生物接触氧化池、曝气生物滤池和生物流化床等工艺形式。

在废水处理构筑物内设置微生物生长聚集的载体（一般称填料），在充氧的条件下，微生物在填料表面聚附形成生物膜，经过充氧的废水以一定的流速流过填料时，生物膜中的微生物吸收分解水中的有机物，使废水得到净化，同时微生物也得到增殖，生物膜随之增厚。当生物膜增长到一定厚度时，向生物膜内部扩散的氧受到限制，其表面仍是好氧状态，而内层则会呈缺氧甚至厌氧状态，并最终导致生物膜的脱落。随后，填料表面还会继续生长新的生物膜，周而复始，使废水得到净化。

经过长期发展，生物膜法已从早期的普通生物滤池，发展到现有的各种高负荷生物膜法处理工艺。特别是随着塑料工业的发展，生物滤池的填料从主要使用碎石、卵石、炉渣和焦炭等比表面积小和孔隙率低的实心填料，发展到如今使用的高强度、轻质、比表面积大、孔隙率高的各种塑料填料（图3-3），大幅度提高了生物膜法的处理效率，扩大了生物滤池的应用范围。

图3-3　塑料填料

生物膜法对水质、水量变化的适应性较强，污染物去除效果好。与传统活性污泥法相比，生物膜法处理废水技术因为操作方便、剩余污泥产量少、抗冲击负荷等特点，适合用于中小规模的废水处理，是一种被广泛采用的生物处理方法，可单独运用，也可以与其他污水处理工艺组合应用。目前所采用的生物膜法多数是好氧工艺，少数是厌氧的。生物膜法的缺点在于填料增加了工程建设投资，特别是处理规模较大的工程，填料投资所占比例较大；运行过程中填料需要周期性更新。生物膜法工艺设计和运行不当，可能发生填料破损、堵塞等现象。

3.3.2 厌氧生物处理

厌氧生物处理是在没有分子氧及化合态氧存在的条件下，兼性细菌与厌氧细菌降解和稳定有机物的生物处理方法。在厌氧生物处理过程中，复杂的有机化合物被降解转化为简单的化合物，同时释放能量。在这个过程中，有机物的转化分为三部分：一部分转化为甲烷，这是一种可燃气体，可回收利用；还有一部分被分解为二氧化碳、水、氨、硫化氢等无机物，并为细胞合成提供能量；少量有机物被转化、合成新的细胞物质。由于仅有少量有机物用于合成，故相对于好氧生物处理，厌氧生物处理的污泥增长率要小得多。

厌氧生物处理过程是一个复杂的生物化学过程，根据处理过程中所依靠的水解产酸细菌、产氢产乙酸细菌和产甲烷细菌等三大主要类群细菌的联合作用，可粗略地将整个过程划分为水解发酵阶段、产氢产乙酸阶段和产甲烷阶段三个阶段。这几个阶段在厌氧反应器当中同时进行，且还会保持一定的动态平衡。

厌氧生物处理过程多用于高浓度有机废水的处理和废水处理过程中产生的污泥。有时废水成分复杂，处理过程中还必须将厌氧过程与好氧过程结合，将厌氧过程作为好氧过程的预处理，使处理后的废水达到排放标准。厌氧生物处理法在应用的过程中，以微生物的凝聚形态为依据，可以分为厌氧活性污泥法和厌氧生物膜法。最早的厌氧生物处理构筑物是化粪池，近年开发的厌氧生物处理工艺有厌氧生物滤池、厌氧接触法、升流式厌氧污泥床反应器（UASB）、厌氧内循环反应器（IC）、厌氧生物转盘、厌氧序批式反应器（ASBR）、两相厌氧法、分段厌氧处理法等。

由于厌氧生物处理过程中不需要另外提供电子受体，故运行费用低。此外，它还具有剩余污泥量少，可回收能量（甲烷）等优点。其主要缺点是反应速率较慢，反应时间较长，处理的构筑物容积大等。通过开发新型反应器，截留高浓度厌氧污泥，或用高温厌氧技术，其容积可缩小，但采用高温厌氧技术，必须维持较高的反应温度，故要消耗能源。

3.3.3 稳定塘和人工湿地处理

（1）稳定塘

稳定塘又称氧化塘，是一种天然的或经一定人工构筑的废水净化系统，主要是利用塘内微生物（细菌、真菌、藻类和原生动物等）的代谢活动，以及相应的物理、化学过程，使废水中的污染物进行多级转换、降解和去除，从而实现废水的无害化、资源化与再利用。

稳定塘既可作为二级生物处理，相当于传统的生物处理，也可以作为二级生物处理出水的深度处理。实践证明，设计合理、运行正常的稳定塘系统，其出水水质常常相当甚至优于二级生物处理的出水。当然，在不理想的气候条件下，出水水质也会比生物法的出水差。不同类型、不同功能的稳定塘可以串联起来，分别用作预处理或后处理。

稳定塘净化废水具有处理成本低、操作管理方便、处理效果较好等优点，因此得到广泛应用。生物稳定塘不仅可以较好地去除废水中的BOD，还能去除氮、磷等营养物质及病原菌，去除重金属及有毒有机物。它的主要缺点是占地面积大，处理效果受环境条件影响大，处理效率相对较低，可能产生臭味及滋生蚊蝇，不宜建设在居住区附近。

稳定塘按塘中微生物优势群体类型和塘水中的溶解氧状况可分为好氧塘、兼性塘、厌氧塘和曝气塘。

① 好氧塘。好氧塘是一类在有氧状态下净化废水的稳定塘，完全依靠塘内藻类的光合作用和塘表面风力搅动自然复氧供氧。好氧塘通常深度较浅，一般 0.15~0.5m，最多不深于 1m，废水停留时间一般为 2~6d。好氧塘一般适用于处理 BOD_5 小于 100mg/L 的废水，多用于处理其他处理方法的出水，因其出水溶解性 BOD_5 低而藻类含量高，往往需要补充除藻过程。

② 厌氧塘。厌氧塘是一类在无氧状态下净化废水的稳定塘，其有机负荷高，以厌氧反应为主。厌氧塘常常是一些面积较小、深度较大的塘。由于深度比较大，仅表面接触到空气，所以其大部分都为厌氧区域。进入厌氧塘的颗粒状有机物被细菌的胞外酶水解成为可溶性有机物，再通过产酸菌转化为乙酸，在产甲烷菌的作用下，将乙酸和 H_2 转变为甲烷和 CO_2，使废水得到净化。厌氧塘塘深通常为 2.5~5.0m，水力停留时间为 20~50d。厌氧塘最初用作预处理设施，且特别适用于处理高温高浓度的废水，现在也用于城镇污水处理。厌氧塘污泥量少，有机负荷高，但产生臭气，出水水质较差，可以后接好氧塘来提高出水水质。

③ 兼性塘。兼性塘是指在上层有氧、下层无氧的条件下净化废水的稳定塘，是最常用的塘型。兼性塘通常深度较大，一般为 1.0~2.0m。兼性塘上部由于植物光合作用产生的氧气和水面自身复氧，形成好氧层；兼性塘下部溶解氧含量极小，而且死亡的微生物和植物等沉在水底形成厌氧层；兼性塘中间则在好氧层和厌氧层之间形成了一个兼性层。污泥在塘底部进行硝化，常用的水力停留时间为 5~30d。

兼性塘常用于处理小城镇的原污水以及中小城市污水处理厂一级沉淀处理后的出水或二级生物处理后的出水。在工业废水处理中，接在曝气塘或厌氧塘之后作二级处理塘使用。兼性塘的运行管理方便，适应能力强，较长的废水停留时间使其能经受废水水量、水质的较大波动，而不至于严重影响出水质量。

④ 曝气塘。通过人工曝气设备向塘内供氧的稳定塘称为曝气塘。曝气塘内废水混合均匀，有机负荷和去除率都比较高，占地面积小，但运行费用较高，且出水悬浮固体浓度较高，常用于工业废水的处理。由于曝气塘出水的悬浮固体浓度较高，排放前需进行沉淀，沉淀的方法可以用沉淀池，或在塘中分割出静水区用于沉淀。若曝气塘后设置兼性塘，则兼性塘可以在进一步处理其出水的同时起沉淀作用。根据曝气强度将曝气塘分为好氧曝气塘和兼性曝气塘。好氧曝气塘的水力停留时间为 1~10d，兼性曝气塘的水力停留时间为 7~20d。有效水深一般为 2.5~6.0m，曝气塘一般不少于 3 座，通常按串联方式运行。

（2）人工湿地

人工湿地是人工建造和管理控制的、工程化的湿地，由水、填料和水生生物组成，具有较高生产力，比天然湿地有更好的污染物去除效果。填料、植物和微生物是构成人工湿地生态系统的主要组成部分。人工湿地中的填料又称基质，一般由土壤、细砂、粗砂、砾石、废砖瓦、炭渣、钢渣、石灰石、沸石等组成。人工基质为微生物的生长提供了稳定的依附表面，为水生植物提供了载体。人工湿地通过一系列的物理、化学、生物的作用净化废水。水生植物除直接吸收、富集、利用废水中的有毒有害物质外，还有输送氧气到根区和维持水力传输的作用。微生物的代谢作用是废水中有机物降解的主要机制。

人工湿地技术适用于处理低浓度、微污染的含有易降解有机污染物的废水，也适用于处理污水处理厂排出的尾水，可以作为污水处理厂升级改造的备选技术。近年来，人工湿地技术在我国得到迅速发展，也被大量用于地表水体的修复。

人工湿地一般可分为表面流人工湿地、水平潜流人工湿地和垂直潜流人工湿地三种类型。

① 表面流人工湿地。表面流人工湿地的原理是使废水水流以较慢的速度流过湿地表面，由土壤、植物，特别是植物根茎部生长的生物膜，通过物理的、化学的和生物的反应过程来完成对流经废水的处理。这种表面流人工湿地的优点在于需要投入的费用较低，操作也比较简单。其缺点是水力负荷小、占地面积大、净化能力有限，且氧主要来源于水面扩散和植物根系传输，系统的运行受气候影响较大，夏季易滋生蚊蝇，冬季寒冷地区表层易结冰。

② 水平潜流人工湿地。水平潜流人工湿地是在植物下方增加一层填料，使植物根系与废水能够更加充分地接触与反应。当废水流经填料时，能够充分地与填料表面的植物根系以及生物膜反应，大大地提高了废水处理效率。在这种类型的人工湿地中，氧主要依靠植物根系传输。其优点是水力负荷与污染负荷较大，对 BOD、COD、SS 及重金属等处理效果好，卫生条件一般比表面流人工湿地好。其缺点是整个床层供氧不足，氨氮去除效果欠佳。

③ 垂直潜流人工湿地。垂直潜流人工湿地废水处理系统与前两种人工湿地有较大的差别，主要是采用表面布水，废水向下垂直渗滤，在渗滤层（填料层）得到净化，净化后的水由湿地底部设置的多孔集水管收集并排出。垂直潜流人工湿地通过地表与地下渗滤过程中发生的物理、化学和生物反应，使废水得到净化。在人工湿地中，床体处于不同的溶解氧状态，氧通过大气扩散与植物根系传输进入湿地。在表层由于溶解氧足够硝化能力强，下部因为缺氧适于反硝化，如果碳源足够，垂直潜流人工湿地可以进行反硝化而去除总氮，因而该工艺适合处理氨氮含量高的废水。其优点是对氮、磷化合物的处理能力非常强，能用来处理氮、磷元素含量很高的废水。其缺点是处理有机物的能力欠佳，不适用于悬浮物较多的污水，建造要求较高，运行控制较为复杂。

与其他废水处理方法相比较，人工湿地的主要优点有：①对污染物去除效果较好，对氮、磷的回收利用率较高，适合生活污水的处理，也可以用于净化工业废水、农业污水等；②工程投资较少，能耗和运行成本较低；③在处理污水的同时，还可以增加绿地面积，改善生态环境，为野生动植物提供生存环境，具有良好的景观效果；④人工湿地植物不仅能够净化污水，收割后还有较高的利用价值，能够带来一定的经济效益；⑤工艺过程简单，运行维护简便，不需要复杂的机械设备和自动控制系统。

人工湿地的主要缺点有：①需要土地面积较大；②容易发生堵塞，当作为污水处理厂升级改造的后续工艺时，要求污水处理厂出水的 SS 浓度不能太高，以防止人工湿地堵塞；③要求适宜的自然气候条件，比较适用于南方地区，不适合北方寒冷地区使用。

目前，绝大部分污水处理厂的污水都是直接排入地表水体中，即使排放的污水水质达到了一级 A 标准，也不能满足地表水体的水质要求，尤其是污水中氮、磷浓度已成为排入地表水体的约束指标。采用其他工艺技术削减这种低浓度的氮、磷，经济性较差，人工湿地工艺则较为适宜。为了防止污水处理厂尾水排入地表水体后造成富营养化，采用人工湿地工艺是一种行之有效的工程技术手段，因此人工湿地工艺在污水处理厂排放的尾水深度处理（图 3-4）中，具有广阔的应用前景。

图 3-4   江苏省宜兴市官林污水处理厂尾水人工湿地处理

3.3.4   微生物新技术

微生物新技术包括遗传诱变育种、基因工程、酶工程、微生物制剂和生物表面活性剂等技术，这些新技术在解决环境问题方面具有非常显著的作用，而且经济效益和环境效益较高，在废水处理和回用中的应用前景非常广阔。

（1）分子遗传学新技术

① 遗传工程。在自然界中存在许多优良菌种，可以有效分解自然界中的各种物质，但随着现代化工业的不断发展，人工合成的非天然物质日益增多，例如有机氯农药、有机磷农药、多氯联苯、塑料、合成洗涤剂等，不易被自然界中现有的微生物分解，这些物质在土壤和水体中存留时间较长，不易降解，严重污染环境。因此，在废水处理和回用中极其需要快速降解上述污染物的高效菌。

质粒是细菌、酵母菌和放线菌等生物中染色体外的环状 DNA 分子，具有自主复制能力，并表达所携带的遗传信息。质粒是 DNA 重组技术中常用的载体，可利用质粒培育优良菌种，用于废水生物处理。目前，人们在质粒育种和基因工程菌方面做了大量研究和试验，并取得了一定成果，如构建了脱色工程菌和 Q_5T 工程菌等。

② 基因工程技术。基因工程（genetic engineering）是指在基因水平上的遗传工程，又称基因剪接或核酸体外重组。基因工程是用人工的方法将一种生物体（供体）的基因与载体在体外进行拼接重组，然后转入另一种生物体（受体）内，以改变生物原有的遗传特性，获得新品种。基因工程做成的 DNA 探针可以十分灵敏地检测环境中的病毒、细菌等污染。利用基因工程培育的指示生物能反映环境污染的情况，且不易因环境污染而大量死亡，甚至还可以吸收和降解污染物。利用基因工程获得的"超级细菌"能分解多种有毒物质，可以提高废水生物处理的效果。基因工程在环境保护的实际应用中受到人们的关注，但在具体实施上也有较大的难度。

③ PCR 技术。聚合酶链式反应（polymerase chain reaction，PCR）是一种用于放大扩增特定的 DNA 片段的分子生物学技术，可以看作是生物体外的特殊 DNA 复制，PCR 的最大特点是能短时间内将微量的 DNA 片段大幅增加。PCR 技术可用于研究特定环境中微生物区系的组成结构，分析种群动态，如对含酚废水生物处理活性污泥中的微生物种群组成

及种群动态进行分析，其测定速度远快于经典的微生物分类鉴定。PCR 技术也可用于监测环境中的特定微生物，如致病菌和工程菌等。

④ 分子遗传学综合技术。传统的微生物系统分类步骤繁多，要对各种微生物进行分离培养、纯化、染色反应，对个体、菌落形态特征的观察和生理生化反应特征以及免疫学特征的试验等进行分类；然后按分类鉴定手册检索该微生物的属、种名，整个过程很费时。从 20 世纪 60 年代开始至今，分子遗传学和分子生物学技术迅速发展，使微生物分类学进入了分子生物学时代，许多新技术和新方法在微生物分类学中得到了广泛应用，包括16SrRNA 序列分析、基因探针、PCR、DNA 电泳等在内的综合检测技术加快了鉴定工作的速度。随着微生物核糖体数据库、基因序列数据库的日益完善，分子遗传学综合技术成为微生物分类和鉴定中有效的工具。在活性污泥、生物膜、堆肥、自然水体、土壤及其他特殊环境中的微生物分类和种群动态分析中，均可使用分子遗传学综合技术进行检测分析。

（2）固定化酶和固定化微生物

酶在微生物体内的一切生物化学反应中，起着极其重要的催化作用，将它提取出来，在体外也能发挥其作用。故将酶制成酶制剂，应用于食品加工、制革、化妆品、发酵工业、医疗、洗涤剂、废水生物处理和废气生物净化等方面。

从筛选、培育获得的优良菌种体中提取活性极高的酶，再用包埋法、交联法或载体结合法等将酶固定在载体上，制成不溶于水的固态酶，即为固定化酶。用与固定化酶相同的固定方法将酶活力强的微生物体固定在载体上，即成为固定化微生物。固定化酶和固定化微生物具有稳定、降解有机物性能强、耐毒、抗杂菌、耐冲击负荷等优点。应用固定化酶或固定化微生物可以组成快速、高效、连续运行的污水处理系统。鉴于固定化酶技术只限于水解酶类和少数胞内酶的研制和应用，多酶体系的固定化技术尚未解决；又由于废水的组分很复杂，而且经常变化，因此，要用多种单一的固定化酶，包括胞外酶和胞内酶组合处理，才能完成某一物质的多步骤反应，使有机物完全无机化和稳定化。固定化酶可以制成酶膜、酶布、酶管（柱）、酶粒和酶片等。处理动态废水用酶管较好，废水中若含有多种毒物，可按分解毒物成分的次序，沿着废水流动方向，依次按顺序将与各种毒物相对应的酶固定在塑料管内壁的不同位置上，制成塑料酶管。

就目前的水平而言，如果用固定化酶处理废水，成本昂贵，有的固定化酶的活性半衰期为 20d，它的使用寿命为 1~2 年，而且它的机械强度较一般的硬质载体差，在酶布和酶柱上容易长杂菌，有杂菌污染等问题。

一个微生物体本身就是多酶体系的载体。在废水生物处理中，单一微生物并不能将某一种废水彻底净化，需要多种微生物混合生长组成微生态系统，依靠食物链净化废水。同理，制备多种混生的固定化微生物，并将其固定化，就等于固定了多种酶系，有利于提高废水处理效果。

从 20 世纪 80 年代起，我国就开始在废水生物处理方面进行固定化微生物处理废水的研究，从耗氧活性污泥和厌氧活性污泥中分离、筛选对某一种废水成分分解能力强的微生物，将其制成固定化微生物用于废水处理实验，如含氰废水、含酚废水、印染废水的脱色，洗涤剂废水、淀粉废水及造纸废水等的固定化酶处理的小型试验研究。

如果想将上述方法制备的固定化酶和固定化微生物用于处理城市生活污水和工业废水，因其水量均较大，具有一定的难度，但应用于小水量的特种工业废水处理，则是有可能实现的。

为了在废水生物处理运行中应用固定化微生物，并达到经济有效，科研人员在固定化方法和固定载体的材料方面进行了许多探讨和实践，研发了一些切实有用的固定载体（填料）。目前，活性污泥法和生物膜法都有用固定化微生物，其固定化材料有悬浮载体（填料）和固定载体。

（3）微生物细胞外多聚物的开发与应用

微生物的胞外多聚物（extracellular polymers，ECP）是微生物在一定的环境条件下，在其代谢过程中分泌的、包围在微生物细胞壁外的多聚化合物，包括荚膜、黏液层及其他表面物质，经分析得知，这些多聚物的成分为脂、脂肽、多糖脂和中性类脂衍生物等。微生物细胞外多聚物可应用于多种工业，如石油开采、农业、环境保护等，其主要用作表面活性剂、絮凝剂或助凝剂、沉淀剂。

微生物细胞外多聚物用作微生物絮凝剂在废水生物处理方面已有报道。微生物絮凝剂是一类由微生物或其分泌物产生的代谢产物，是利用微生物技术，通过微生物发酵、提取、精制而得的，具有安全、高效、无毒、易被生物降解、无二次污染的水处理絮凝剂。因此，微生物絮凝剂可以广泛应用于畜禽废水处理、染料废水的脱色、高浓度无机物悬浮液废水的处理、活性污泥沉降性能的改善、污泥脱水、浮化液的油水分离等。然而，目前微生物絮凝剂生产成本较高，一些工艺条件不太成熟，随着生物技术的发展，其生产成本有望降低，以利于在工业化生产中推广使用。

细菌中有许多具有絮凝作用的种类。放线菌、霉菌和酵母菌，乃至原生动物的一些种类也具有絮凝作用。这是因为这些微生物细胞表面的胞外多聚物有絮凝作用。可以将有絮凝作用的微生物经扩大培养而制成的微生物细胞制剂直接用作絮凝剂，或从具有絮凝作用的菌株中提取其表面的有效絮凝成分，做成制剂用作絮凝剂。

（4）优势菌种与微生物制剂的开发与应用

优势菌种是对某种特定的污染物或者特定的某种废水具有较高的去除、降解效果的细菌、真菌、酵母菌、藻类等微生物。优势菌种一般是从被污染的水、土壤或驯化好的污泥中，通过人工筛选、培养和纯化，或运用生物工程技术定向选育的，可用于实际生物处理装置中的高活性单一或混合的纯培养优势微生物种群。

在废水的生物处理过程中，以及自然界的江、河、湖、海及土壤中，存在许多降解天然物质和有机污染物性能良好的菌种。为了开发微生物资源，人们从各种运行性能良好的活性污泥、生物膜及自然界中筛选出优良的微生物菌种，制成微生物制剂。

目前已筛选的菌种有：①降解有毒、有害有机污染物的微生物，如食酚菌，分解氰化物、苯系化合物、萘、菲、蒽、沥青等的微生物；②应用于极端环境的微生物，如嗜热菌、嗜冷菌、嗜酸菌、嗜碱菌、嗜盐菌和耐压菌；③降解农药（如对硫磷、乐果等）的微生物；④分解难降解污染物（如废塑料、尼龙）的微生物；⑤降解染料的脱色菌；⑥除臭菌。

微生物制剂可应用于以下方面：①用作生物膜挂膜和培养活性污泥的菌种；②在污（废）水活性污泥法处理过程中用作添加剂，初沉池、曝气池均可投加，可提高废水处理效率；③用作有机固体废弃物堆肥的菌种和添加剂，可加速堆肥的腐熟速度；④用作家庭便池、公厕的除臭剂；⑤用作畜禽粪便处理的菌种；⑥对污染严重的河道进行生物修复，疏浚河道底泥；⑦用于降解和清除海面浮油和炼油厂的废弃物；⑧用作土地生物修复的菌种。

3.4 典型废水处理工艺

3.4.1 活性污泥法

（1）SBR 工艺

SBR 是序列间歇式活性污泥法（sequencing batch reactor activated sludge process）的简称，是一种按间歇曝气方式来运行的活性污泥污水处理技术，又称序批式活性污泥法。与传统污水处理工艺不同，SBR 工艺所有的反应都是在一个 SBR 反应器中进行的，通过时间控制来使 SBR 反应器实现各阶段的操作目的，在流态上属于完全混合式，却实现了时间上的推流，有机污染物随着时间的推移而降解。

对于小型污水处理厂而言，SBR 是一种系统简单、节省投资、处理效果好的工艺，但其不适用于大型污水处理厂，因为大型污水处理厂的进水量大，需要设计多个 SBR 反应池进行并联运行，个数增多，必定使操作管理变得复杂，运行费用也会提高，而且 SBR 法是一种设备利用率低的处理工艺，用于大型污水处理厂时，基建费用也较高。

（2）氧化沟工艺

氧化沟（oxidation ditch）又名连续循环曝气池（continuous loop reactor），可分为连续工作式、交替工作式和半交替工作式。连续工作式氧化沟有帕斯维尔（Pasveer）氧化沟、卡鲁塞尔（Carrousel）氧化沟。交替工作式氧化沟一般采用合建式，多采用转刷曝气，不设二沉池和污泥回流设施。交替工作式氧化沟可分为单沟式、双沟式和三沟式，交替式氧化沟兼有连续式氧化沟和 SBR 工艺的一些特点，可以根据水量水质的变化调节转刷的开停，既可节约能源，又可实现最佳的脱氮除磷效果。一般交替式氧化沟工艺的设备闲置率比较高，容积利用率比较低。

（3）A²/O 工艺

A²/O 工艺是 anaerobic-anoxic-oxic 的简称，称为厌氧-缺氧-好氧工艺（见图 3-5）。它是在厌氧-好氧除磷工艺的基础上加入缺氧段，并将好氧段流出的一部分混合液回流至缺氧段，同时达到反硝化脱氮的目的。

A²/O 工艺脱氮除磷机制由两部分组成：一是除磷，二是脱氮。A²/O 工艺活性污泥中的菌群主要有硝化菌、反硝化菌和聚磷菌。A²/O 工艺各阶段的主要反应如下：

在好氧段，污泥中存在两类不同的细菌：一类是异养型细菌，这类细菌能在好氧条件下，分解污水中的有机物以获得能量，并合成自身物质；另一类是自养型硝化菌，能将污水中的氨氮及有机氮转化成硝酸盐。

在缺氧段，控制 DO<0.7mg/L，反硝化菌利用水中的有机碳源作为供氢体，将内回流带入到缺氧段的硝酸盐通过生物反硝化作用，还原成氮气去除，达到脱氮的目的。

在厌氧段，污水中的聚磷菌在厌氧状态（DO<0.3mg/L）会释放磷，并吸收挥发性脂肪酸（VFA）等易降解的有机物；在后续的好氧阶段，聚磷菌能超量吸收磷，最后磷随剩余

污泥一起排出系统。

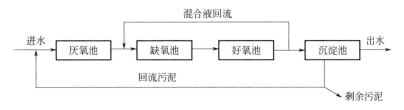

图 3-5　A²/O 工艺流程

（4）UCT 工艺

在 A²/O 工艺中，污泥直接回流到厌氧区。由于二沉池紧邻好氧池，故回流污泥中含有一定 NO_3^-，特别是当进水 COD 与凯氏氮（TK-N）的比值较小时，则通过回流污泥进入厌氧池的 NO_3^- 浓度会更高。NO_3^- 进入厌氧池后，在厌氧池会发生反硝化作用，反硝化菌将会竞争聚磷菌所需的有机物而影响除磷效果。针对这一问题，南非 Cape Town 大学开发了 UCT 工艺（见图 3-6）以及改良 UCT 工艺。UCT 工艺有两个内循环，内循环 I 将硝化液从好氧池回流至缺氧池，内循环 II 将缺氧池的混合液回流至厌氧池，回流污泥不是直接进入厌氧池而是先进入缺氧池，这样避免了回流污泥中大量硝酸盐对厌氧池的冲击。改良 UCT 工艺是将缺氧池分为两部分，前一部分专为消耗回流污泥中的硝酸盐而设，且不受内循环 I 的硝化液的影响，把硝酸盐的不利影响降到最低限度。

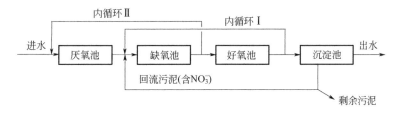

图 3-6　UCT 生物脱氮除磷工艺流程

（5）VIP 工艺

与 UCT 工艺类似的还有 VIP（virginia initiative plant）工艺，VIP 工艺与 UCT 工艺的差别在于池型构造和运行参数方面。VIP 工艺中厌氧、缺氧和好氧三个反应器都是由至少两个串联的完全混合组成（图 3-7）。反应器采用分格方式，可以充分发挥聚磷菌的作用，与单个的完全混合式反应器相比，由一系列体积较小的完全混合式反应格串联组成的反应器具有更高的除磷效果。其原理在于，有机物的浓度分布提高了厌氧池的磷释放速度和好氧池的磷吸收速度。由于大部分反硝化都发生在前几格，反应器分格也有助于缺氧池的完全反硝化。这样，缺氧池最后一格的硝酸盐量就极少，基本上没有硝酸盐通过内循环 II 进入厌氧池。VIP 工艺有机负荷比 UCT 工艺高，而且可以采取比 UCT 工艺更短的泥龄。因此，VIP 工艺反应器容积比 UCT 工艺小。

（6）CASS 工艺

CASS（cyclic activated sludge system）工艺是 SBR 的一种形式。其主要原理是 SBR 反

应池沿长度方向分为两部分，前部为预反应区，后部为主反应区。在预反应区内，微生物能通过酶的快速转移机理迅速吸附污水中大部分可溶性有机物，经历一个高负荷的基质快速积累过程，对进水水质、水量、pH值和有毒有害物质起到较好的缓冲作用，可有效防止污泥膨胀；随后在主反应区经历一个较低负荷的基质降解过程，完成对污水中有机物质的降解。CASS工艺同时能够比较充分地发挥活性污泥的降解功能，也能够避免设置二沉池，有利于提高固液分离效果。

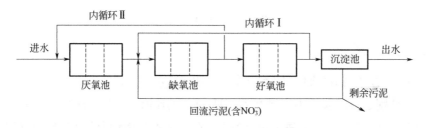

图 3-7　VIP 生物脱氮除磷工艺流程

CASS反应器由三个区域组成，即生物选择区、兼氧区和主反应区。

生物选择区是设置在CASS前端的小容积区域，容积约为反应器总容积的10%，水力停留时间为0.5~1.0h，通常在厌氧或兼氧条件下运行。由主反应区向选择区回流的污泥量一般以每天将主反应器中的污泥全部循环一次为依据来确定的。

兼氧区不仅能辅助生物选择区实施对进水水质、水量变化的缓冲作用，还能促进磷的进一步释放和强化反硝化作用。

主反应区是去除营养物质的主要场所，通常控制氧化还原电位（OPR）为100~150mV，DO为0~2.5mg/L。应使主反应区内溶液处于好氧状态，活性污泥内部基本处于缺氧状态，溶解氧向污泥絮体内的传递受到限制，而硝态氮由污泥内向主体溶液的传递不受限制，使主反应区同时发生硝化、反硝化作用和磷的吸收。

3.4.2　生物膜法

（1）生物滤池

生物滤池是一种稳定、可靠、经济的污水处理工艺，能耗比活性污泥法低，工艺操作简单。普通生物滤池由于占地面积大，会产生滤池蝇、散发臭味等缺点，近年来较少采用。高负荷生物滤池采用处理出水回流措施，提高水力负荷，以加速生物膜的更新，及时冲刷过厚和老化的生物膜，使生物膜保持较高的活性。同时进水回流有利于均化和稳定进水水质，抑制蚊蝇的过度滋生，缓解臭味，占地大、易于堵塞的问题也得到一定程度的解决。

对于普通生物滤池，进入生物滤池的污水必须通过预处理，以去除不能降解的颗粒物，这类物质会堵塞滤料，导致布水不均匀，使滤池性能下降。处理城市污水的生物滤池前一般设初沉池，由于滤料上的生物膜不断脱落，脱落的生物膜随处理水流出，因此在生物滤池后还应该设二沉池进行截留。普通生物滤池的供氧通常采用自然通风的方式进行。

（2）生物接触氧化池

生物接触氧化池在我国应用非常广泛，除生活污水外，还应用于石油化工、农药、印染、轻工造纸、食品加工等工业废水处理，都取得了良好的处理效果。生物接触氧化法可以分为两种：一种是在池内填充填料，已经充氧的污水浸没全部填料，并以一定的流速流经填料，污水与填料上布满的生物膜广泛接触，通过生物膜上微生物的新陈代谢作用，污水中的有机物得以去除，因此又称为淹没式生物滤池；另一种采用与曝气池相同的曝气方法，向微生物提供所需的氧气，并起到混合搅拌的作用，这种方式相当于在曝气池内填充微生物栖息的填料，因此又称为接触曝气法。

（3）曝气生物滤池

曝气生物滤池是普通生物滤池的一种变形形式，采用人工强制曝气，代替自然通风；采用粒径小、比表面积大的滤料，显著提高生物浓度；采用生物处理与过滤处理联合的方式，省去了二沉池；采用反冲洗的方式，避免了堵塞的可能，同时提高了生物膜的活性；采用生化反应和物理过滤联合处理的方式，同时发挥了生物膜法和活性污泥法的优点。由于它具有生物氧化降解和过滤的双重作用，因而可以获得很高的出水水质，可达到回用水水质标准。

曝气生物滤池的一般工艺流程由初沉池、曝气生物滤池、反冲洗水泵和反冲洗储水池及鼓风机等组成。曝气生物滤池为周期运行，从开始过滤至反冲洗完毕为一个完整周期，具体过程为：经过预处理和初沉池处理后的污水（主要是去除颗粒物质和 SS，以避免滤池堵塞和频繁反冲洗）由滤池进水管进入滤池底部，空气经过穿孔曝气管亦同时进入，水流经过滤料的同时使填料表面附着大量的微生物，填料上的微生物利用从气泡中转移到水中的溶解氧进一步降解 BOD，滤床继续去除 SS，污水中的氨氮被转化为硝酸盐氮。处理后水经由滤池出水区流出，随着过滤的进行，滤层中的生物膜增厚，过滤损失增大，此时需要对滤层进行反冲洗。

第**4**章 废水回用

将废水或污水经二级处理和深度处理后回用于生产系统或生活杂用的过程被称为废水回用。废水回用的范围很广，包括工业上的重复利用水体的补给水和生活用水。废水回用既可以有效地节约和利用有限的和宝贵的淡水资源，又可以减少污水或废水的排放量，减轻水环境的污染，缓解城市排水管道的超负荷现象，是贯彻可持续发展的重要措施。废水的再生回用和资源化具有明显的社会效益、环境效益和经济效益，已经成为世界各国解决水资源短缺和污染问题的必选。

4.1 废水回用途径和要求

4.1.1 废水再生利用途径

废水回用，也称再生利用，是指废水回收、再生和利用，是废水经处理达到回用水水质要求后，回用于工业、农业、城市杂用、景观娱乐、补充地表水和地下水等。实际上，废水回用系统是通过工程工艺来模拟自然界的水循环。水循环系统中包括了有计划的废水再生、循环和回用，这是社会进步、技术发展、对公共卫生危险认识提高的反映。由于废水、再生水和水回用之间的关系链得到了人们越来越正确的认识，这意味着废水回用有着广阔的发展前景。

4.1.1.1 废水回用的意义

（1）废水回用可缓解水资源的供需矛盾

一般来说，一个城市的供水量是基本稳定的，而城市供水量的 80%～90%转化为污水或废水，废水经收集和集中处理后可以再次被利用。此外，将废水经处理后回用于水质要求较低的场合，体现了水的"优质优用，低质低用"原则。这就意味着通过废水回用，在供水量稳定的前提下，增加了可用水资源量，可以在较大程度上缓解干旱地区缺水的窘迫状态，减轻缺水对社会生产和生活造成的影响，有效缓解水资源的供需矛盾。

（2）废水回用可提高水资源利用的综合经济效益

废水回用既能减少水环境污染，又可以节省大量的淡水资源，缓解水资源的不足，推动当地经济的可持续发展，提高水资源的综合经济效益。城市污水和工业废水水质相对稳定，不受气候等自然条件的影响，易于收集，处理技术也较为成熟，其处理利用成本比海水淡化低，基建投资比跨流域调水小得多。废水回用的综合经济效益除增加可用水量、减少投资和运行费用、回用水水费收入、减少给水处理费用外，还包括节省排水工程投资和相应的运行管理费用，环境改善产生的社会经济和生态效益（如发展旅游业、水产养殖业、农林牧副业所增加的效益），增进人体健康和减少疾病所产生的效益，回收废水中的"废物"取得的效益，增加供水量而避免的经济损失或分摊的各种生产经济效益等。

4.1.1.2　废水回用的途径

废水回用可分为直接回用和间接回用两类。间接回用是将适当处理后的废水排入天然水体，经水体缓冲、自然净化（包括较长时间的储存、沉淀、稀释、日光照射）、曝气、生物降解、热作用后，再次使用；间接回用又分为补给地表水和人工补给地下水。前者是将废水处理后排入地表水体，经过水体的自净作用后进入给水系统，后者是将废水经处理后人工补给地下水，经过净化后再抽取上来送入给水系统，直接回用是有计划地将适当处理过的污水直接回用于工农业、生活、市政等方面。

直接回用与间接回用的区别在于间接回用中包括了天然水体的缓冲、净化作用，而直接回用则没有任何天然净化作用。选择直接回用还是间接回用主要取决于技术因素和非技术因素，技术因素包括水质标准、处理技术、可靠性、基建投资和运行费用等；非技术因素包括市场需要、公众的接受程度和法律的约束等。

城市污水回用途径广泛，其中，工业用水、农业用水和城市杂用是城市污水回用的主要对象。

（1）农业用水

农业用水是城市污水回用的一个大用户，主要包括大田作物、花卉和林地的灌溉。城市污水中含氮、磷、钾等肥料成分，经处理后适于农业灌溉，一方面减少了化肥用量，有利于农作物生长，弥补农业水源不足；另一方面通过土壤的自净能力可使污水得到进一步净化，尤其污水回用可控制农村地区无节制地超采地下水。但如果污水水质不能满足要求，则会破坏土壤结构，使农药以及重金属在作物和土壤中积累，降低农产品质量及产量。回用污水中污染物的限度要以作物种类、生长阶段以及水文地质条件等为依据，其水质必须符合《农田灌溉水质标准》。

（2）城市杂用水

城市杂用水是指用于冲厕、道路清扫、消防、城市绿化、车辆冲洗、建筑施工的非饮用水。其中，冲厕杂用水是公共及住宅卫生间便器冲洗的用水；道路清扫杂用水是道路灰尘抑制、道路打扫的用水；消防杂用水是市政及小区消火栓系统的用水；城市绿化杂用水是除特种树木及特种花卉以外的公园、道边树及道路隔离绿化带、运动场、草坪以及相似地区的用水；建筑施工杂用水是建筑施工现场的土壤压实、灰尘抑制、混凝土冲洗、混凝土拌和的用水。

城市杂用水具有水量较大、水质要求相对较低的特点，城市废水经处理后回用市政杂用可代替大量优质水源，大大减少城市生活用水量。不同的原水特性、不同的使用目的对处理工艺提出了不同的要求。如再生利用的原水是城市污水处理厂的二级出水时，只要经过较为简单的混凝、沉淀、过滤、消毒就能达到绝大多数城市杂用水的要求。当原水为建筑物排水或生活小区排水，尤其包含粪便污水时，必须考虑生物处理，还应注意消毒工艺的选择。

（3）工业用水

面对淡水短缺、水价上涨的严峻现实，工业企业除了尽力将本厂废水循环利用以提高水的重复利用率外，对城市废水的回用也日渐重视。废水再生后可作为水源供给不同行业作为生产工艺用水，如产品处理及洗涤用水、原料用水等，在金属初级加工、纸浆造纸、石油化工、油井注水、矿石加工等过程中也均有广泛运用。工业用水根据用途的不同，对水质的要求差异很大，水质要求越高，水处理的费用就越高。理想的回用对象应是冷却用水和工艺低质用水（洗涤、冲灰、除尘、直接冷却等）。当考虑某项工艺是否可以利用回收的污水时，必须满足需要的水质，并要计算回用污水水量及其处理的费用，以求获得最大的经济效益。

（4）环境用水

环境用水主要用于城市水系补充用水以及绿化隔离带和园林景观用水。水资源缺乏的地区在生态环境建设中，要充分开发利用中水，将为城市水系补充用水和绿化用水提供充足的水资源保证，使中水成为城市绿化用水的主要来源。一个城市没有水就没有灵气，用中水补充河湖水系，替代其他水源一举两得，既达到优水优用、节约用水的目的，又美化了环境。回用过程应特别注意再生水的氮、磷含量，防止景观水体富营养化，同时应关注再生水中的病原微生物和持久性有机污染物对人体健康和生态环境的危害。

（5）补充水源水

城市污水按要求进行处理后排入河流和湖泊等地表水体，经自净后可供各类用户使用。将经过二级处理的城市污水回灌于地下水层，水在流经一定距离后同原地下水源一起作为新的水源开发使用，这样既可以防止海水入侵、阻止因过量开采地下水而造成的地面沉降，还能利用土壤自净作用提高回用水水质，可以向工业用水、农业灌溉、生活杂用水和生活饮用水供水。污水回灌地下水对水质要求很高，回灌前须经生物处理，包括硝化与脱氮，还必须有效去除有毒有机物与重金属，一旦回灌水质达不到要求，将会对地下水含水层造成污染。

从国内外污水回用的发展状况来看，污水回用工作日益受到重视，许多缺水地区已经建立了一批技术可靠、管理科学、运行稳定的污水回用工程。但是，目前对于污水回用，仍存在一些可能影响人体健康和环境的不确定因素。由于对污水回用还没有全面的科学依据，各国制定的回用水水质标准有较大差异。因此，需要深入研究，制定合理的、完善的回用水水质标准。同时，要大力发展高效价廉的污水回用处理技术，促进污水回用的发展。

4.1.1.3 回用水系统分类和组成

（1）基本概念

① 中水：污水经适当处理后，达到一定的水质指标，可在生活、市政、环境等范围内杂用的非饮用水。

② 中水原水：选作中水水源而未经处理的水。

③ 杂排水：民用建筑中除厕所排水外的各种排水，如冷却排水、泳池排水、沐浴排水、盥洗排水、洗衣排水、厨房排水等。

（2）回用水系统分类

回用水系统按服务范围大小可分为以下三类。

① 建筑中水系统。在一栋或几栋建筑物内建立的中水系统称为建筑中水系统，中水处理站一般设在裙房或地下室。建筑中水系统是以建筑物的冷却水、沐浴排水、盥洗排水、洗衣排水等为水源，经过物理、化学方法的工艺处理，用于厕所冲洗、绿化、洗车、道路喷洒、空调冷却及水景等的供水系统。

② 小区中水系统。在小区内建设的中水系统，可采用的原水类型较多，如邻近城镇污水处理厂的出水、工业洁净排水、小区内杂排水、生活污水和雨水等。小区中水系统有覆盖全区回用的完全系统，供给部分用户使用的部分系统，以及中水不进建筑，仅用于绿化、道路喷洒、地面冲洗的简易系统，以便充分发挥中水的综合利用和环境效益。

③ 城市污水回用系统。城市污水回用系统又称城市污水再生利用系统，在城市区域内建立的城市污水回用系统，以城市污水、工业洁净排水为原水，经过城市污水处理厂初步处理及必要的深度处理后，回用于工业用水、农业用水、城市杂用水、环境用水和补充水源水等。

上述三类系统各有其特点，处理厂站规模、管线长短、实施难易程度、投资规模和收益大小等方面各有不同。一般而言，建筑或小区中水系统可就地回收、处理和利用，具有实施方便、不影响市政道路、回用管道短、投资小等优点，作为建筑配套设施建设，不需要政府集中投资，但水量平衡调节要求高、规模效益较低。从水资源利用的综合效益来看，城市污水回用系统在运行管理、污泥处理和经济效益上有明显的优势，但需要单独铺设配套的市政管网用于输送回用水，整体规划要求较高，实施需要大量资金和较长时间。

（3）回用水系统组成

回用水系统一般包括污水收集系统、回用水处理系统（污水处理厂及深度处理）、回用水配水输送系统和用户用水管理等部分。城市污水回用将给水和排水联系起来（图4-1），可以实现水资源的良性循环，促进城市水资源的动态平衡。城市污水回用涉及市政、工业和规划等多个部门，需要统筹安排，综合实施。

① 污水收集系统。对城市污水收集系统而言，排水管道系统是收集、输送污水的工程设施。回用水水源收集系统又包括生活污水排水管道系统、工业污水排水管道系统和雨水

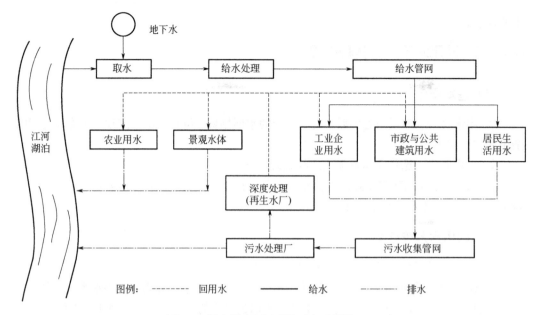

图4-1 城市污水回用系统（高廷耀等，2015）

排水管道系统。生活污水排水管道系统收集居住区和公共建筑的生活污水，输送至处理厂。工业污水排水管道系统将厂区内各车间及其他排水对象所排出的污水收集，输送至处理和回收利用的构筑物。雨水排水管道系统收集雨水径流，并将其排入自然水体或回收利用。

对建筑物或小区中水集水系统而言，中水集水系统由收集、输送中水原水到中水处理设施的管道系统和一些附属构筑物组成。按原水的来源，小区中水集水系统分为合流制集水系统和分流制集水系统两类。具体采用何种系统主要取决于城市当地的外界环境条件和环境保护要求。同时，也与居住小区是新区建设还是旧区改造以及建筑内部排水体制有关。居住小区内设置中水系统时，为简化中水处理工艺，节省投资和日常运行费用，还应将生活污水和生活杂排水分流。当居住小区设置化粪池时，为减小化粪池容积也应将污水和杂排水分流，污染程度低的杂排水直接排入城市排水管网或中水处理站。

② 回用水处理系统。回用水处理系统由各种回用水处理构筑物组成，其作用是将收集到的原水经多道工艺净化处理后，达到回用水的水质要求。回用水深度处理构筑物可以建设在污水处理厂内部，也可以建设在回用水用户所在地。污水处理厂内部建设深度处理构筑物，将部分或全部污水处理厂出水进行深度处理，达到要求的回用水质控制指标后，用专用管道输送到回用水用户，包括各类工业用户、城市杂用水、景观用水、农业用水或地下水的回灌等。污水处理厂将处理后达到排放标准或经过深度处理的出水，用专用管道输送到回用水用户，在用户所在地建设回用水深度处理构筑物，将污水处理厂供给的出水净化到要求的水质控制指标。

③ 回用水配水输送系统。回用水配水输送系统应建成独立系统。回用水输配水管道宜采用非金属管道；当使用金属管道时，应进行防腐蚀处理。回用水用户的配水系统宜由用户自行设置，当水压不足时，用户可自行建设增压泵站。城市污水回用系统管网的布置，可遵循城市给水管网的规划设计原则，但由于回用水的增设，使管道系统增多，在管理上

应予以重视。当回用水供给量不足时，应由自来水进行补给。在回用水配水输送系统中必须采取严格的安全措施，确保回用水卫生及安全，防止回用水供水中断、管道腐蚀及与自来水误接误用等。

④ 用户用水管理。回用水用户的用水管理十分重要，应根据用水设施的要求确定用户的管理要求和标准。当回用水用于工业冷却时，用户管理包括水质稳定处理，菌藻控制和进一步改善水质的其他特殊处理，并建立合理的运行工艺条件，减轻使用回用水可能带来的负面影响。当用于城市杂用水和景观环境用水时，则应进行水质水量监测、补充消毒、用水设施维护等工作。污水回用工程应对回用水用户提出明确的用水管理要求，确保系统安全运行。

4.1.2 回用水水质要求

（1）回用水水质基本要求

为达到污水回用安全可靠的目标，城市污水回用水水质应满足以下基本要求：①回用水的水质符合回用对象的水质控制指标；②回用系统运行可靠，水质水量稳定；③对人体健康、环境质量、生态保护不产生不良影响；④回用于生产目的时，对产品质量无不良影响；⑤对使用的管道、设备等不产生腐蚀、堵塞、结垢等损害；⑥使用时没有嗅觉和视觉上的不快感。

（2）回用水水质标准

回用水水质标准是确保回用安全可靠和回用工艺选用的基本依据。为引导污水回用健康发展，确保回用水的安全使用，我国已制定了一系列回用水水质标准，如国家标准《城市污水再生利用　工业用水水质》（GB/T 19923—2005）、《城市污水再生利用　城市杂用水水质》（GB/T 18920—2020）、《城市污水再生利用　景观环境用水水质》（GB/T 18921—2002）和行业标准《纺织染整工业回用水水质》（FZ/T 01107—2011）、《循环冷却水用再生水水质标准》（HG/T 3923—2007）等；有些地方以国家标准或行业标准为基础，根据当地特点制定了一些地方回用水水质标准，如北京市地方标准《洗衣回用水水质要求》（DB11 471—2007）。地方标准一般不得宽于国家标准或行业标准，不得与国家标准或行业标准相抵触。地方标准列入的项目指标，执行地方标准；地方标准未列入的项目指标，应执行国家标准或行业标准。

《城镇污水再生利用工程设计规范》（GB 50335—2016）提出：污水再生利用用途分类应符合现行国家标准《城市污水再生利用　分类》（GB/T 18919—2012）的有关规定，不同用水途径的再生水水质，应符合下列规定：

① 再生水用作农田灌溉用水的水质标准，应符合现行国家标准《城市污水再生利用农田灌溉用水水质》（GB 20922—2007）的有关规定。

② 再生水用作工业用水水源的水质标准，应符合现行国家标准《城市污水再生利用工业用水水质》（GB/T 19923—2005）的有关规定。当再生水作为冷却用水、洗涤用水直接使用时，应达到现行国家标准《城市污水再生利用　工业用水水质》（GB/T 19923—2005）的有关规定。当再生水作为锅炉补给水时，应进行软化、除盐等处理。当再生水作为工艺与产品用水时，应通过试验或根据相关行业水质指标，确定直接使用或补充处

理后再用。

③ 再生水用作城市杂用水的水质标准，应符合现行国家标准《城市污水再生利用　城市杂用水水质》（GB/T 18920—2020）的有关规定。

④ 再生水用作景观环境用水的水质标准，应符合现行国家标准《城市污水再生利用景观环境用水水质》（GB/T 18921—2002）的有关规定。

⑤ 再生水用作地下水回灌用水的水质标准，应符合现行国家标准《城市污水再生利用地下水回灌水质》（GB/T 19772—2005）的有关规定。

⑥ 再生水用作绿地灌溉用水的水质标准，应符合现行国家标准《城市污水再生利用绿地灌溉水质》（GB/T 25499—2010）的有关规定。

当再生水同时用于多种用途时，水质可按最高水质标准要求确定或分质供水；也可按用水量最大用户的水质标准要求确定。个别水质要求更高的用户，可自行补充处理达到其水质要求。

4.1.3　废水消毒处理

废水消毒是污水处理厂必须进行的操作单元。废水经过二级处理之后，废水水质已经有了明显的改善，但是细菌的绝对数目仍然很大，而且水中病原菌可能依然存活，将这些对水质、环境产生不利影响的微生物进行去除对于废水排放和回用是必不可少的，因此污水处理厂的尾水消毒工艺已成为废水处理中很关键的一个处理单元，而对于废水消毒方式的选择也很重要，这决定了最后消毒效果和运行成本是否理想。

物理方法和化学方法是废水消毒杀菌中主要使用的两类方法。物理方法中，包括了辐照法、加热法、超声波法和紫外线法等，其消毒原理是破坏微生物的遗传物质，使微生物失去活性而死亡。化学方法包括氯法、臭氧法、二氧化氯法等，这类消毒剂具有强氧化性，通过化学反应对微生物的结构造成破坏，从而实现对废水的消毒。目前，紫外线消毒、氯消毒、臭氧消毒、二氧化氯消毒等方法是废水处理和回用中最常用的消毒方法。

（1）紫外线消毒

紫外线消毒主要是通过对微生物（细菌、病毒、芽孢等病原体）的辐射损伤和破坏核酸（RNA 或 DNA）的功能使微生物致死，同时还可引起微生物其他结构的破坏，从而达到消毒目的。

紫外线可以在很短的接触时间内杀死细菌，且杀菌效果非常理想。在利用紫外线消毒时，水的理化性质不会因为紫外线的照射而发生变化。紫外线消毒操作简便，消毒速度快、效果好，不会产生对环境有污染的有毒有害副产物；紫外线消毒装置体积小，可节省占地面积，运行成本较低，寿命长，方便自动管理控制。

（2）氯消毒

加氯消毒的机理是利用氯溶解于水中，生成次氯酸和盐酸，次氯酸扩散到微生物表面并穿过细胞壁到达细胞内部，在微生物内部利用氯原子的氧化作用破坏微生物的酶系统使其死亡。加氯消毒的方法成熟，设备故障率低，运行费用低，对于废水处理处置来说，是非常经济的，消毒效果也很好，是当前废水消毒方法中使用最广泛的。

（3）臭氧消毒

臭氧具有很强的氧化能力，绝大部分有机物都能够被其氧化。臭氧杀菌原理是利用臭氧的氧化作用对细菌的细胞膜进行破坏，使其新陈代谢困难，且臭氧会继续渗透，对细胞膜进行穿透，膜内的结构就会被破坏，细胞的通透性质就会发生改变，最终细胞会慢慢溶解，失去活性。而臭氧灭活病毒则认为是氧化作用直接破坏其核糖核酸（RNA）或脱氧核糖核酸（DNA）而完成的。

杀菌消毒，去除异色、恶臭气味和对有机物进行氧化是臭氧在废水处理中的主要作用。臭氧杀菌消毒的效果理想，效率高，速度快，对一些具有很强抗药性的寄生虫也有灭杀效果。臭氧消毒基本不会受 pH 和水温等因素的影响，且水体中的溶解氧含量也会因为臭氧的使用而提高。臭氧消毒主要的缺点是臭氧发生装置价格较高，臭氧发生器中会残留一定量的有机物。

（4）二氧化氯消毒

在废水消毒处理中，二氧化氯的消毒效果比氯更为理想。细菌、芽孢、病毒、原生动物、藻类等有害微生物都能够通过二氧化氯消毒来进行高效去除。还原性无机物，部分致色、致臭以及致突变的有机物也都能够通过二氧化氯消毒得到去除。二氧化氯对微生物细胞壁的穿透能力非常突出，细胞内的酶能够被二氧化氯高效氧化，因此微生物体内蛋白质的合成能够被快速有效地控制，从而达到破坏微生物结构的目的。使用成本高是二氧化氯消毒最大的问题，当前在我国多运用于小型污水处理厂。

4.2　废水回用处理技术

4.2.1　废水回用循环范围

随着工业的发展，用水需求增加与水资源匮乏之间的矛盾日益加剧，人们也无法再把水当作廉价的资源，一次使用后就废弃。为了从有限的水资源中寻求更多经济发展的空间，废水被越来越多的当作补充水源，重新进入生产和生活之中。按照废水所经过的处理流程以及所形成的回用循环的范围，废水回用可以分为串联重复利用、生产工艺内循环利用和再生处理后回用三种。

（1）串联重复利用

工业生产过程中，不同工序对用水水质要求可能不同，当一个工序的排放水水质优于另外一个工序的用水水质要求时，无需对上一级工序的排放水进行处理就可以回用。串联用水系统又称循序用水系统，是根据生产过程中各工序、各车间，或者在不同范围内对用水水质的不同要求，将水质要求较高的用水系统的排污水作为水质要求较低系统的补充水，实现水的依次再利用。例如，钢铁生产企业常根据用水水质的不同分为净循环系统（主要为设备冷却用水）和浊循环系统（冲洗、清扫及湿式除尘用水等），净循环系统的排水可直接用于浊循环系统；在印染、造纸和电镀等行业，大量清水用于产品和半成品的清洗，为了降低清洗水排放量，可以根据工艺要求考虑采用逆流洗涤的方法，即新鲜水仅从最后一个水洗槽加入，然后使水依次向前一个水洗槽流动，被加工的产品从第一个水洗槽依次由前向后逆水流方向行进，这样水实际上被多次回用，提高了水的重复利用率，可以节省大量的新鲜水，减少废水排放量。

（2）生产工艺内循环利用

生产工艺内废水回用的特点是待回收的废水在排放到废水处理站之前就得到了循环利用，能有效减少废水排放量，降低废水处理站的处理成本。在许多用水量大、含有清洗环节的工厂里，通过废水的清浊分流，大量轻污染的废水能在工艺内直接回用或经过简单处理后回用于生产，从而实现水在生产工艺内的闭路循环。

（3）废水再生处理后回用

废水处理后，虽然污染物浓度大幅下降，达到排放标准，但处理后的出水仍残留一些有机污染物和悬浮物，可以根据废水处理后的水质情况，直接回用到水质要求不高的生产工序或者生活杂用水，如绿化、道路冲洗等；也可以通过混凝、活性炭吸附等物理化学的深度处理方法，进一步改善水质后再回用，以提高回用的经济价值。在用水量大的企业或者当地政府对用水额度进行控制时，还可以考虑将处理达标的工业废水全部和部分通过微（超）滤、反渗透为主体的双膜脱盐回用处理系统，以取得优质的再生水，其水质甚至优于市政自来水的水质，回用范围广泛。由于膜处理工艺的投资和运行费用远高于活性炭吸附和混凝沉淀等常规深度处理，目前这种方法主要应用于发达地区的工业园区或者用水量很大的大型工业企业。

串联用水系统是典型的水重复利用系统，是针对一个工业企业而言的回用水，为狭义的回用水。事实上，一个地区有工业、农业、生活等多种用水类别，只要是一个用水单元用过的，未经处理或经过处理后又被其他用水单元利用的水量，都应属于回用水，这是广义的回用水。水资源利用过程中应尽可能地实施水的闭路循环，提高水的重复利用率，减少新鲜水用量和废水排放量。然而，在水的重复利用过程中，存在污染物的富集过程，出于产品质量控制对水质的要求，总有一部分废水最终需要排放。为进一步减少新鲜水的消耗和废水的排放，可以对排放的废水经过再生处理，达到要求后进行回用。废水的再生过程会增加水处理的成本，进行废水再生利用时，应充分考虑废水的水质以及回用的水质要求，选择合适的水回用途径和回用处理技术，达到废水回用率和经济效益的最大化。

4.2.2　城镇污水回用处理

城镇污水回用处理工艺按流程和处理程序一般可分为预处理工艺、一级处理工艺、二级处理工艺、深度处理工艺（亦称高级处理或三级处理工艺）和污泥处理与处置工艺。城镇污水回用处理流程图见图4-2。

（1）预处理

城镇污水处理厂的预处理是通过物理处理法去除污水中的漂浮物和较大的砂粒，通常包括格栅处理、泵房抽升和沉砂处理。格栅处理的目的是拦截污水中较大尺寸的漂浮物或其他杂物，以确保后续水泵管线、设备的正常运行。泵房抽升的目的是提高水头，以保证污水可以靠重力流过后续建在地面上的各个处理构筑物。沉砂处理的目的是去除污水中能自然沉降的较大粒径的砂、石与大块颗粒物，以减少它们在后续构筑物中的沉降，防止造成设施淤砂，影响功效，造成磨损堵塞，影响管线设备的正常运行。

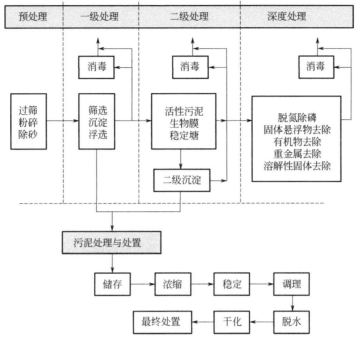

图 4-2　城镇污水回用处理流程图

（2）一级处理

一级处理又称污水物理处理，通过简单的沉淀、过滤或适当的曝气等工艺过程，以去除污水中的呈悬浮状态的污染物质，同时调节污水 pH 值，减轻污水的腐化程度和后续处理工艺负荷。一级处理可由筛选、重力沉淀和浮选等方法串联组成，除去污水中大部分粒径在 100μm 以上的颗粒物质。筛滤可除去较大物质；重力沉淀可除去无机颗粒和相对密度大于 1 的有凝聚性的有机颗粒；浮选可除去相对密度小于 1 的颗粒物或油类等。城镇污水处理厂中，一级处理对 SS 的去除率一般为 70%~80%，对 BOD_5 去除率一般只有 30%左右，达不到排放标准。

此外，在一级处理的基础上，为了进一步提高污水中悬浮固体和有机污染物的去除率，可以通过物理、化学、生物处理法进行一级强化处理。一级强化处理有化学一级强化和生物一级强化处理，其对污水中 SS 和 BOD_5 的去除率均比一级处理有所提高，但仍不能达到排放标准。

（3）二级处理

二级处理是污水经一级处理后，再用生物方法进一步去除污水中呈胶体和溶解状态有机污染物的过程。二级处理主要采用生物法，包括活性污泥法、生物膜法、稳定塘等。常用的活性污泥法主要是由具有活性污泥的曝气池和二次沉淀池构成，利用曝气风机及专用曝气装置向曝气池内供氧，目的是通过微生物的新陈代谢将污水中的大部分污染物降解。

曝气池内微生物在反应过后与水一起源源不断地流入二次沉淀池，微生物沉降在池底，并通过管道和泵回送到曝气池前端与新流入的污水混合；二次沉淀池上面澄清的处理水则源源不断地通过出水堰流出。城镇污水处理厂中，二级处理对污水中 BOD_5 的去除率可达90%以上，其出水水质一般可以达到排放标准。

（4）深度处理

深度处理又称三级处理，一般以更高的处理与排放要求，或以污水的再生回用为目的，对城市污水或工业废水经一级、二级处理后增加的处理过程，以进一步去除常规二级处理过程中未被去除和去除不够的污染物，如未能降解的有机物、可溶性无机物、重金属以及氮和磷等。其技术方法更多地采用物理法、化学法和物理化学法等，与前面的处理技术形成组合处理工艺。深度处理要达到的处理程度和出水水质，取决于受纳水体水质标准或回用水的具体用途及其水质标准。深度处理耗资较大，管理复杂，主要用于以污水再生回用为目的的处理。随着社会经济的高水平发展，深度处理是未来发展的需要。

（5）污泥处理与处置

城镇污水和工业废水在处理过程中，分离和截留的固体物质统称为污泥。污泥中的固体物质可能是原污水中已经存在的，如各种自然沉淀池中截留的悬浮物质；也可能是污水处理过程中转化形成的，如生物处理和化学处理过程中，由原来的溶解性物质和胶体物质转化而来的生物絮体和悬浮物质；还可能是污水处理过程中因投加化学药剂而形成的化学污泥。

污泥作为污水处理的副产物，通常含有大量的有毒、有害和对环境产生负面影响的物质，包括有毒有害有机物、重金属、病原菌、寄生虫卵等。如果不进行无害化处理处置，会对环境造成二次污染。污泥的处理与处置，就是通过适当的技术措施，使污泥得到再利用或以某种不损害环境的形式重新返回到自然环境中。一般将改变污泥性质称为处理，而安排污泥出路称为处置。污泥的处理与处置是两个不同的阶段，处理必须满足处置的要求。因此，污泥的处理技术措施是以达到最终处理后不对环境产生有害影响为目标。不同的处置方式须对应相应的处理方法。污泥处理的工艺路线选择需要强调污泥的减量化、稳定化和无害化，以及污泥的资源化综合利用。其中污泥的减量化是指通过一定的技术措施削减污泥的量和体积；稳定化是指将污泥中的有机物（包括有毒有害有机物）降解成为无机物的过程。污泥在环境中的最终消纳方式包括土地利用，做建材的原料或进行无害化填埋等。

城镇污水厂的污泥主要有栅渣、沉砂池沉渣、初沉池污泥和二沉池生物污泥等。栅渣呈垃圾状，沉砂池沉渣中密度较大的无机颗粒含量较高，所以栅渣和沉砂池沉渣一般作为垃圾处置。初沉池污泥和二沉池生物污泥，因富含有机物，容易腐化、破坏环境，必须妥善处置。初沉池污泥还含有病原体和重金属化合物等，二沉池污泥基本上是微生物机体，含水率高，数量多，更需注意。初沉池污泥和二沉池生物污泥在处置前需要处理，处理的目的在于降低含水率，使其变流态为固态，减少数量，同时稳定有机物，使其不易腐化，避免对环境造成二次污染。工业废水处理后产生的污泥，有的和城镇污水处理厂相同，有的不同，有些特殊的工业污泥有可能作为资源回收利用。以活性污泥法为主的城镇污水处理厂污泥处理的典型流程包括储存、浓缩、稳定、调理、脱水、干化和最终处置（图4-2）。

4.2.3 废水回用流程的选择

废水回用处理流程的选择是指对各单元处理技术（构筑物）的优化组合，废水回用处理流程的确定取决于要求的处理程度（回用水的用途及相应的回用水水质标准）、原废水的水质和水量的变化幅度、建设单位的自然地理条件（如气候、地形）、可利用的厂（站）区的面积、工程投资和运行费用等因素。

对于废水回用处理而言，采用较多的是物理、化学和物理化学法，但是生物处理法在去除易被微生物分解的悬浮性、溶解性有机物或无机物方面仍具有重要地位。由于废水的水质差别很大，处理要求也不尽一致，因此很难形成一种像城市污水那样的典型处理流程和系统。通常多种处理工艺流程都能满足应该达到的回用水处理程度，一般在设计时需要进行多方案的比较，通过对各备选方案的基本建设投资和运行、维修费用等进行优化比选，确定合适的回用水处理工艺流程。表4-1为常见工业回用水处理流程的一般组合模式。

表4-1　工业回用水处理流程组合模式（李国芳等，2011）

阶段	预处理	一级处理		二级处理		三级处理或深度处理	废渣处理与处置
		化学法	物理法	溶解性物质	悬浮性物质		
代号	A	B	C	D	E	F	G
1	格栅、沉砂池	中和		活性污泥	沉淀	沉淀/气浮	浓缩
2	调节池、均化池	混合反应	气浮	生物膜	过滤	过滤	真空过滤
3	隔油/除油	化学沉淀	隔油/除油	氧化塘		活性炭吸附	硝化
4	pH调整		冷却	厌氧生物处理		离子交换	干燥
5				电渗析			
6				超过滤			
7				反渗透			
8				化学氧化			
9				生物处理			

现实中，有时由于没有对废水水质进行充分调研，就建设废水回用处理工程，结果再生的回用水不能达到使用要求；有时对回用水水质要求并不高，却选择了超滤等深度处理工艺，造成了资金的浪费。所以，选择的水处理工艺流程要尽量做到技术先进、经济合理，处理过程和处理后不产生二次污染，尽可能采用高效、低耗的回收与处理设备，基本建设投资和运行维修费用较低，并结合当地条件通过技术经济比较确定。

4.2.4 废水回用技术组合

废水回用处理技术是在传统城镇污水处理技术的基础上，融合给水处理、工业用水深度处理等技术，将各种技术上可行、经济上合理的水处理技术进行综合集成，实现废水资源化。在处理的技术路线上，城镇污水处理以达标排放为目的，而废水回用处理则以综合利用为目的，根据不同用途回用水的水质要求采用相应的深度处理技术及其组合。

城镇污水处理厂二级处理出水水质主要指标基本上能达到回用于农业的水质控制要求。除浊度、固体物质和有机物等指标外，其他各项指标基本接近于回用工业冷却水水质控制指标。对要求出水回用的污水处理厂，可在技术上通过工艺改进和工艺参数优化，使二级处理后的城镇污水出水大多数指标达到或接近回用水质控制要求，可以较大程度上减轻后续深度处理的负担。

为了向多种回用途径提供符合水质要求的回用水，需对二级处理后的出水进行深度处理，去除出水中剩余的污染物质。这些污染物质主要是氮、磷、胶体物质、细菌、病毒、微量有机物、重金属以及影响回用的溶解性矿物质等。

废水回用深度处理基本单元技术有混凝沉淀（或混凝气浮）、化学除磷、过滤、消毒等。对回用水水质有更高要求时，可采用活性炭吸附、脱氨、离子交换、微滤、超滤、纳滤、反渗透、臭氧氧化等深度处理技术。根据去除污染物的对象不同，二级处理出水可采用的相应深度处理方法见表4-2。

表4-2　二级处理出水深度处理方法（高廷耀等，2015）

污染物		处理方法
有机物	悬浮性	过滤（上向流、下向流、重力式、压力式、移动床、双层和多层滤料）、混凝沉淀（石灰、铝盐、铁盐、高分子）、微滤、气浮
	溶解性	活性炭吸附（粒状炭、粉状炭、上向流、下向流、流化床、移动床、压力式、重力式吸附塔）、臭氧氧化、混凝沉淀、生物处理
无机盐	溶解性	反渗透、纳滤、电渗析、离子交换
营养盐	磷	生物除磷、混凝沉淀
	氮	生物硝化及脱氮、氨吹脱、离子交换、折点加氯

回用水的用途不同，采用的水质控制指标和处理方法也不同。同样的回用用途，由于原水水质不同，相应的处理工艺和参数也有差异。因此，污水回用处理工艺应根据处理规模、回用水水源的水质、用途及当地的实际情况，经全面的技术经济比较，将各单元处理技术进行合理组合，集成为技术可行、经济合理的处理工艺。在处理技术组合中，衡量的主要技术经济指标有：处理单位回用水量投资、电耗和成本、占地面积、运行可靠性、管理维护难易程度、总体经济与社会效益等。

《城镇污水再生利用工程设计规范》（GB 50335—2016）指出：污水二级处理主要是生物处理，氮、磷等营养物质宜用生物法去除，不宜采用物理化学法居多的深度处理工艺去除。深度处理工艺的选择是再生利用工程设计的核心，应在试验或可靠资料基础上慎重进行选择：设计标准过高，会使投资增大，运行费用偏高，增加供水成本和用户负担；设计标准过低，会使再生水水质不能达标，影响用户使用。在既有污水处理设施基础上升级改造时，可选择增建深度处理设施的工艺流程，以达到一级A或再生水水质标准；对于新建污水处理厂及再生水厂来说，可直接按水质标准要求确定处理工艺方案，综合考虑污水二级处理和深度处理关系，甚至污水处理厂名称也可改为再生水厂。

《城镇污水再生利用工程设计规范》（GB 50335—2016）依据不同的再生水水源及供水

水质要求，结合国内外工程建设实例，提供了下列几种再生水处理工艺流程。

（1）二级处理出水-介质过滤-消毒

污水二级处理加介质过滤、消毒工艺，可提高二级处理出水悬浮物的处理效果，水质可满足城镇绿地灌溉用水要求。污水二级处理加消毒处理，出水可以用于农田灌溉用水，水田谷物、露地蔬菜灌溉用水宜选择二级处理加消毒工艺，纤维作物、旱地作物灌溉用水可选择一级强化处理、消毒工艺。

（2）二级处理出水-微絮凝-介质过滤-消毒

污水二级处理加微絮凝、介质过滤、消毒工艺，是国内外许多工程的常用再生工艺，可进一步强化对悬浮物、总磷及有机污染物的去除效果。城市杂用水、工业冷却水和洗涤用水水源可以选择该工艺。

（3）二级处理出水-混凝-沉淀（澄清、气浮）-介质过滤-消毒

污水二级处理加混凝、沉淀（澄清、气浮）、介质过滤、消毒工艺也是国内外许多工程的常用再生工艺，可进一步强化对悬浮物、总磷及有机污染物的去除效果。城市杂用水、工业冷却水和洗涤用水水源宜选择此类工艺。

（4）二级处理出水-混凝-沉淀（澄清、气浮）-膜分离-消毒

近年来膜分离技术应用增多，膜工艺能够高效地去除悬浮物及胶体物质，具有占地小的特点，但运行成本较高。锅炉补给水宜选择超滤、反渗透或离子交换工艺进行补充处理。工业工艺与产品用水宜根据试验或参照相关行业水质指标，直接使用达到水源标准的再生水，或补充处理后利用，补充处理宜选择超滤、反渗透、臭氧氧化、消毒工艺。具有超滤、反渗透、臭氧氧化、消毒等单元的处理工艺出水可作为地下水回灌用水水源。

（5）污水-二级处理（或预处理）-曝气生物滤池-消毒

曝气生物滤池近年应用较多，可在已建污水厂做升级改造的深度处理单元使用，也可在新建污水厂做主体工艺单元使用。污水二级处理加曝气生物滤池、消毒工艺，可强化对有机污染物、悬浮物及总磷、总氮的去除效果，出水可满足部分工业用水水源的水质要求。

（6）污水-预处理-膜生物反应器-消毒

膜生物反应器有较好的出水水质，近年也得到较多应用。膜生物反应器出水可满足大部分再生水用水途径的水质要求。

（7）深度处理出水（或二级处理出水）-人工湿地-消毒

人工湿地可作为进一步的净化设施提高水质，满足再生利用水质或排放水体的水质标准要求。

上述基本处理工艺流程可满足当前大多数再生水用户的水质要求。当这些工艺流程尚不能满足用户水质要求时，可再增加一种或几种其他深度处理单元，其他深度处理单元包括臭氧氧化、活性炭吸附、臭氧-活性炭、高级氧化等。

随着再生水利用范围的扩大，优质再生水将是今后发展方向，深度处理技术，特别是膜技术的迅速发展展示了污水再生利用的广阔前景，补给给水水源也将变为现实，污水再生处理的工艺流程也会随之不断发展。各单元的处理效率、出水水质与水源水质、再生工艺设计参数等有关，可以通过试验或按国内外已建成的工程实例确定。

4.3　废水回用风险评价及安全措施

4.3.1　废水回用风险评价

（1）废水回用风险评价的意义

废水回用中可能产生一系列问题：回用于农业灌溉时，回用水中高营养元素含量对某些处于生长期的作物有不利影响，土壤易板结；回用于工业时，致使设备及管道结垢、腐蚀、堵塞和微生物滋生；回用于绿化、冲厕等市政杂用时，水中的病原体（病毒、细菌或寄生虫）通过直饮接触、气溶胶传播等途径对公众健康产生危害；回用于景观、娱乐用水时，病原体对人体的接触部位产生危害，并且造成富营养化及藻类繁殖，某些成分对水生生物产生病理学、毒理学影响；回用于地下水回灌时，可能污染饮用水源地的地下含水层，同时回用水中的难降解有机物、重金属等对地下水也会产生影响。

鉴于废水再生回用可能产生的一系列问题及居民对再生水利用安全性的顾虑，需要利用风险评价技术评价回用水的成分对公众健康产生的危害，指导废水再生利用的管理和决策，保证废水回用的顺利实施和确保人体的健康安全。

（2）废水回用健康风险评价的内涵

风险评价（risk assessment）是一个判断风险是否可以被接受，对不良结果或不期望事件发生的概率进行描述及定量的系统过程。作为近30年来发展起来的新兴学科，风险评价技术已广泛应用于环保、石油、食品、药品、化工、航天工业等众多领域，国内外对风险评价技术的研究已有一定基础。环境风险评价，广义上讲是指对某建设项目的兴建、运转，或是区域开发行为所引发的和面临的环境问题对人体健康、社会经济、生态系统所造成的可能损失进行评估，并据此进行管理和决策的过程；狭义上常指对有害物质危害人体健康和生态系统的影响程度进行概率估计，并提出减少环境风险的方案或对策。

（3）废水回用健康风险评价的方法

废水回用具有污染物含量低、应用范围广、与人体接触概率大、持续时间长等特点，综合国际上风险评价方法，对于废水回用的健康风险评价一般采用危害鉴定、暴露评价、剂量反应关系评价和风险评定。

废水回用健康风险评价，首先从风险源的有害性开始，广泛收集该风险源毒理学和病理学数据资料，确定其是否对人体健康造成危害，对风险源进行识别，对风险度进行定性评定，即危害鉴定。

废水回用的暴露评价是对人群暴露于回用水中有害物质的方式、强度、频率及时间的评估及描述。暴露评价要确定回用水中有害因子对人体的暴露途径和暴露剂量，暴露途径通常有直接饮用、气溶胶传播、皮肤接触等，暴露剂量是进行健康风险定性评价的依据，可分为潜在剂量、应用剂量、内部（吸收）剂量和送达剂量。在实际暴露评价中，由于应用剂量、内部（吸收）剂量和送达剂量难以测定，一般采用潜在剂量进行评价。

对于人体健康风险评价，从流行病学调查中直接得到的剂量-效应关系显然是最可靠的，但在多数情况下很难得到完整的人群暴露资料，因此更多地采用动物试验来获得资料。进行剂量效应关系评价时，通常根据有害物质的致癌性分为致癌和非致癌两类分别进行评价，事实上致癌物同样具有非致癌危害效应。

风险评定是利用危害鉴定、暴露评价、剂量效应关系评价三个阶段所获得的数据进行总结，估算不同废水回用条件下可能产生的健康危害的程度或某种健康效应发生概率的过程，给出健康风险定性或定量的表达，并评估给出不确定性程度，对回用水中风险较高的污染物提出管理控制方案，将风险限制在可接受水平。

4.3.2　风险评价的主要内容

废水来源复杂，常含有大量难降解物质，如目前受到广泛关注的医药品及个人护理用品和内分泌干扰物等，尽管这些污染物在水中浓度一般较低，但往往毒性强，危害大，易生物积累，有的还具有"三致效应"。污水处理厂出水可能在达到现行环境标准常规指标要求的同时，对此类物质的削减效果不佳，这些物质一旦进入到环境中，会影响各级生物的正常生长、繁殖，导致生态系统结构和功能的损伤，危及生态系统的完整和健康，具有潜在的生态风险。

废水回用风险评价的主要内容是回用水对人体健康、生态环境和用户设备与产品的影响。

（1）对人体健康的评价

健康风险评价是用来评论人体暴露于环境介质，包括化学物质和微生物所导致的潜在健康风险的性质与量度的一个过程。对于废水再生回用而言，由于废水经深度处理后仍含有对人体健康有害的物质，需要将这些有害物质对人体健康产生的危害进行定量评价，保证废水回用的安全性。

人体健康的风险评价又称之为卫生危害评价，包括危害鉴别、危害判断和社会评价三个方面。

① 危害鉴别。危害鉴别的目的是确定损害或伤害的潜在可能。鉴别方法有多种，包括危害统计研究、流行病学研究、动物研究、非哺乳动物系统的短期筛选和运用已知的危害模型等。

回用水中有害健康的致病媒介物可分为生物的和化学的两类。早期的危害评价主要关注水中的致病媒介物病原菌等引起的传染病，如肠胃炎、伤寒、沙门氏病菌等，这些生物性的致病媒介物可以通过消毒来阻止其危害。随着化学工业的快速发展，世界上每年有数千种化学制品产生，近年来的危害评价开始注重有毒化学物质对人体的危害。

危害鉴别包括描述有害物质的性质，鉴别急性和慢性的有害影响和潜在危害等。

② 危害判断。危害判断又称危害评价，是设法定量地对损害或伤害的潜在可能进行评价。一种物质有潜在危险，并不说明使用它就不安全。安全性与不利效应的或然率

有关，危害评价就是试图评价这一或然率。在各种接触情况下，确定某物质的可能致病危害，需评价产生不利影响时某物质的剂量、危害物在介质（回用水）中的浓度及危害源距离、吸收的介质总量、持续接触时间、有接触人员的特点等。危害判断的方法为根据危害统计做出基本判断、根据流行病学的研究做出基本判断和根据疾病传播模式做出基本判断等。

③ 社会评价。社会评价是危害评估的最后阶段工作，判断危害是否可以被人们接受。常用的评价方法是成本/效益分析或危害/效益分析，包括危害评价的基本准则、危害的描述、疾病治疗的预计费用等。

（2）对生态环境的评价

早期的风险评价主要是针对人体健康而言的，而随着 20 世纪 90 年代初，美国科学家 Joshua Lipton 等提出了环境风险的最终受体不仅为人体，还包括生命系统中种群、群落、生态系统、流域景观等，生态风险评价成为新兴的研究领域。生态风险评价是对产生不利的生态效应的可能性进行评价的过程，重点评价污染物排放、自然灾害及环境变迁等环境事件对动植物和生态环境产生不利作用的大小和概率。

城市废水回用于环境水体、农业灌溉和补充水源水时，都存在对生态环境产生危害的风险，产生危害的主要方面如下。

① 对地表水水体环境的影响：回用水中有机物含量过高，会造成水体过度缺氧，过量的氮、磷会使水体发生富营养化，重金属会毒害水生动植物以及进入生物链等，从而引起水体生态环境方面的破坏。

② 对地下水水体环境的影响：重金属、难降解微量有机物和病原体会对地下水环境产生严重的影响，有些甚至是不可逆的影响，当被影响的地下水水源为饮用水水源时，情况更为严重。在回用于补充地下水水源时，需要高度重视，全面评价，采取可靠对策。

③ 对植被和作物的影响：水质不符合要求的回用水会影响植被的生长质量，影响作物的生长周期、生长速率及质量。

④ 对土壤环境的影响：污染物成分含量过高的回用水会造成土壤重金属积累，酸、碱和盐会造成土壤盐碱化，使土壤环境受到损害。

生态环境的评价主要是鉴别可能产生的潜在影响，提出相应的安全对策，控制回用水可能产生的生态风险。

（3）对用户的设备与产品影响的评价

城市废水回用对于工业用水、城市杂用水及农业灌溉用水等方面，都可能对用户的设备与产品产生危害。当回用于工业时，回用的主要用途是冷却水、锅炉供水和工艺用水。从工业用水的角度而言，评价内容通常包括以下几个方面：①评价回用水是否引起产品质量下降；②评价回用水是否引起设备损坏；③评价回用水是否引起效率下降或产量降低。

4.3.3 安全措施

用水安全是城市废水回用的基础，需采取严格的安全措施和监测控制手段，保障回用安全。保障回用水安全的主要措施如下。

① 废水回用系统的设计和运行应保证供水水质稳定、水量可靠，并应备用新鲜水供应

系统。

② 回用水厂与用户之间保持畅通的信息联系。

③ 回用水管道严禁与饮用水管道连接，并有防渗防漏措施。

④ 回用水管道与给水管道、排水管道平行埋设时，其水平净距不得小于 0.5m；交叉埋设时，回用水管道应位于给水管道下面、排水管道上面，净距均不得小于 0.5m。

⑤ 不得间断运行的回用水水厂，供电按一级负荷设计。

⑥ 回用水厂的主要设施应设故障报警装置。

⑦ 在回用水水源收集系统中的工业废水接入口，应设置水质监测点和控制闸门。

⑧ 回用水厂和用户应设置水质和用水设备监测设施，监测用水质量。

第**5**章
环境管理与效益分析

5.1 环境管理概述

5.1.1 环境管理的含义

环境管理学是 20 世纪 70 年代初产生并逐步发展的一门跨学科领域的综合性学科。经过五十余年环境管理的实践，对其基本含义有了比较一致的认识。

（1）环境管理的提出

20 世纪 30~60 年代发生的震惊世界的"八大公害"事件（表 5-1），引起了西方工业国家的人民对公害的强烈不满，促使一批科学家积极参与环境问题的研究，发表了许多报告和著作，形成了有代表性的观点和学派，并对环境规划与管理思想和理论的发展产生了重要的影响。如 1962 年，美国海洋生物学家蕾切尔·卡逊（Rachel Carson）发表《寂静的春天》，该书通过对污染物迁移、变化，特别是滥用杀虫剂 DDT 后果的描写向人们阐述了海洋、天空、河流、土壤、动物、植物和人类之间的密切关系。1972 年，罗马俱乐部公布"增长的极限"研究报告，分析了世界人口、工业发展、污染、粮食生产和资源消耗五种因素之间的互动关系，认为以当时的人口与工业增长发展下去，世界将面临"崩溃"，解决问题的方法是限制增长，即"零增长"。

表 5-1　世界"八大公害"事件

事件名称	发生时间/年	发生地点	污染类型	污染源/物	扩散途径/致害原因	受体（人）反应/后果
马斯河谷烟雾事件	1930	比利时马斯河谷	大气污染	谷地中工厂密布，烟尘、SO_2排放量大	河谷地形，逆温天气且有雾，不利于污染物稀释扩散；SO_2、SO_3和金属氧化物颗粒进入肺部深处	咳嗽、呼吸短促、流泪、喉痛、恶心、呕吐、胸闷窒息；几千人中毒，63 人死亡
洛杉矶光化学烟雾事件	1943	美国洛杉矶市	大气污染、光化学污染（二次污染）	该市 400 万辆汽车每天耗油 2500 万升，排放烃类 1000多吨	三面环山，静风，不利于空气流通；阳光充足，石油工业废气和汽车废气在紫外线作用下生成光化学烟雾	刺激眼、喉、鼻，引起眼病和咽喉炎；大多数居民患病，65 岁以上老人死亡 400 余人

事件名称	发生时间/年	发生地点	污染类型	污染源/物	扩散途径/致害原因	受体（人）反应/后果
多诺拉烟雾事件	1948	美国多诺拉镇	大气污染	河谷内工厂密集，排放大量烟尘和 SO_2	河谷盆地，又遇逆温和多雾天气，不利于污染物稀释扩散；SO_2、SO_3 和烟尘生成硫酸盐气溶胶，吸入肺部	咳嗽、喉痛、胸闷、呕吐、腹泻；4 天内 43% 的居民（6000 人）患病，20 多人死亡
伦敦烟雾事件	1952	英国伦敦市	大气污染	居民取暖燃煤中含硫量高，排放大量 SO_2 和烟尘	逆温天气，不利于污染物稀释扩散；SO_2 等在金属颗粒物催化下生成 SO_3、硫酸和磷酸盐，附着在烟尘上吸入肺部	胸闷、咳嗽、喉痛、呕吐；5 天内死亡 4000 人，历年共发生 12 起，死亡近万人
水俣（病）事件	1953~1961	日本熊本县水俣镇	海洋污染、汞污染（二次污染）	氮肥厂含汞催化剂随废水排入海湾	无机汞在海水中转化为甲基汞，被鱼、贝类摄入，并在鱼体内富集，当地居民食用含甲基汞的鱼而中毒	口齿不清、步态不稳、面部痴呆、耳聋眼瞎、全身麻木，最后精神失常；截至 1972 年有 180 多人患病；50 多人死亡，22 个婴儿生来神经受损
四日事件（哮喘病）	1955	日本四日市并蔓延到几十个城市	大气污染	工厂大量排放 SO_2 和煤尘，其中含钴、锰、钛等重金属颗粒	重金属粉尘和 SO_2 随煤尘进入肺部	支气管炎、支气管哮喘、肺气肿；患者 500 多人，其中 36 人因哮喘病死亡
米糠油事件	1968	日本爱知县等 23 个府县	食品污染、多氯联苯污染	米糠油生产中用多氯联苯作热载体，因管理不善，多氯联苯进入米糠油中	食用含多氯联苯的米糠油	眼皮浮肿、多汗、全身有红丘疹，重症患者恶心呕吐、肝功能下降、肌肉疼痛、咳嗽不上，甚至死亡；患者 5000 多人，死亡 16 人，实际受害者超过 1 万人
富山事件（骨痛病）	1931~1975	日本富山县神通川流域，并蔓延至其他七条河的流域	水体污染、土壤污染、镉污染	炼锌厂未处理的含镉废水排入河中	用河水灌溉稻米，使米中也含镉，变成镉米，当地居民长期饮用被镉污染的河水和食用镉米而中毒	开始时关节痛，继而神经痛和全身骨痛，最后骨骼软化萎缩、自然骨折、饮食不进、衰弱、疼痛至死；截至 1968 年 5 月确诊患者 258 例，甚至死亡 128 例，至 1977 年 12 月又死亡 9 例

　　1972 年 6 月 5~16 日，联合国人类环境会议在瑞典斯德哥尔摩举行。这是世界各国政府共同讨论当代环境问题，探讨保护全球环境战略的第一次国际会议。由 58 个国家 152 位成员组成的通讯顾问委员会为会议提供了一份非正式报告——《只有一个地球》。大会通过的《联合国人类环境会议宣言》（简称《宣言》），呼吁各国政府和人民为维护和改善人类环境、造福全体人民、造福子孙后代而共同努力。《宣言》将会议形成的共同看法和制定的共同原则加以总结，提出了 7 个共同观点和 26 项共同原则。初步构筑起环境规划与管理思想和理论的总体框架，明确提出自然资源保护原则、经济和社会发展原则、人口政策原则、国际合作原则，以及通过制定发展规划、设置环境管理机构、开展环境教育和环境科学技

术研究等多种途径加强环境管理。

在人类环境会议后，1974 年在墨西哥由联合国环境规划署（UNEP）、联合国贸易和发展会议（UNCTAD）联合召开的资源利用、环境与发展战略方针专题讨论会上形成了三点共识：①全人类的一切基本需要应得到满足；②要发展以满足需要，但又不能超出生物圈的容许极限；③协调这两个目标的方法即环境管理。

人类环境会议和墨西哥会议，使人类对环境问题的认识有了重大的转变，是环境管理思想的一次革命，树立了环境管理发展史上的第一座里程碑。

（2）环境管理的含义

1974 年，美国学者休威尔（G.H.Sewell）编写的《环境管理》一书，指出"环境管理是对损害人类自然环境质量的人的活动（特别是损害大气、水和陆地外貌的质量的人的活动）施加影响"。并说明，"施加影响"是指"多人协同活动，以求创造一种美学上令人愉悦、经济上可以生存发展，且益于身体健康的环境所做出的自觉地、系统地努力"。显然，该定义不仅指出了环境管理的实质，还规范和约束了人类的观念和行为。曾任联合国环境规划署执行主席的穆斯塔法·托尔巴指出，环境管理是依据人类活动（主要是经济活动）对环境影响的原理，制订与执行环境与发展规划，并且通过经济、法律、行政等多种手段，影响人的行为，达到经济与环境协调发展的目的。

1987 年，多诺尔（Dorney）在《环境管理专业实践》中认为环境管理是一个"桥梁专业"，"它致力于系统方法发展信息协调技术"，"在跨学科的基础上，根据定量和未来学的观点，处理人工环境的问题。"库克（Cooke）等在其《环境管理中的地形学》（1990）中采用类似的定义，将环境管理描述为"人类利用土地、大气、植物和水的一系列活动"。

1987 年，刘天齐主编的《环境技术与管理工程概论》中对环境管理的含义做出了如下论述："通过全面规划，协调发展与环境的关系；运用经济、法律、技术、行政、教育等手段，限制人类损害环境质量的活动；达到既要发展经济满足人类的基本需要，又不超出环境的容许极限。"

1992 年赖斯对管理的定义："通过在有组织的群体里建立一个有利于人们发挥其成绩的环境，以实现既定的目标。"

根据国内外学者的研究成果，要比较全面地理解环境管理的含义，应该注意以下几个基本问题。

① 协调发展与环境的关系。建立具有可持续性的经济体系、社会体系和与之相适应的可持续利用的资源和环境基础，这是环境管理的根本目标。

② 动用各种手段限制人类损害环境质量的行为。人在管理活动中扮演着管理者和被管理者的双重角色，起着决定性作用。因此，环境管理实质上是通过经济、法律、政府等多方面手段限制人类损害环境质量的行为。

③ 环境管理是跨学科领域的新兴综合学科。环境管理面对的是人类社会和自然环境组成的复合系统，承担着自然规律和社会规律协调发展的重要作用，起着桥梁作用。因而它包含了社会科学中的管理学、经济学、社会学和伦理学等内容，也需吸取自然科学中的生态学、生物学和环境科学等学科的成果，是 20 世纪 70 年代发展起来的一门多学科融合的新兴学科。

④ 环境管理和任何管理活动一样，也是一个动态过程。人类社会在不断发展进步，环

境也随时空不断发生变化，与之对应的环境管理也需与时俱进，及时调整管理政策和方法，使人类的经济活动在环境承载力和环境容量内。

⑤ 环境管理需要各国采取协调合作的行动。生态环境保护问题是一个全球共同关注的热点问题，需要各国运用经济、行政和法律手段，采取共同行动，协调处理生态环境保护问题，以实现全球社会经济的可持续发展。

5.1.2 我国环境管理的发展

环境管理的发展包括管理的理论水平、管理的手段以及管理的体制等方面，当前西方发达国家在这些方面的研究与应用远远高于发展中国家的水平，因此，对于我国来说，完善与发展环境管理的水平至关重要。我国的环境管理体制从无到有，从弱到强，大致经历了三个阶段，即起步阶段、发展阶段、完善阶段和创新阶段。

（1）起步阶段

在斯德哥尔摩人类环境会议之后，1973 年在北京召开了全国第一次环境保护会议。会议之后，国务院颁布了《关于保护和改善环境的若干规定（试行草案）》。从此，中国的环境保护事业艰难起步了。

1978 年国家颁布的新《宪法》规定："国家保护环境和自然资源，防治污染和其他公害。"首次将环境保护确定为政府的一项基本职能。1979 年国家颁布的《中华人民共和国环境保护法（试行）》，明确了各级环境保护机构设置的原则和职责，为我国环保机构的建设提供了法律依据。

1983 年 12 月召开了第二次全国环境保护会议。会议提出了环境保护是我国的一项基本国策和同步发展方针，这是环境保护工作战略思想的大突破、大转变，是环境管理认识上的一次重大飞跃。

1989 年 5 月召开的第三次全国环境保护会议，正式推出了新的五项环境管理制度。

在环境管理模式探索的过程中，我国明确地提出要开拓有中国特色的环境保护道路。其主要内涵有两个方面：在大政方针上，以环境与经济协调发展为宗旨，把在 20 世纪 80 年代初以来陆续提出的"预防为主、防治结合""谁污染谁治理"和"强化环境管理"等政策思想确定为环境保护的"三大政策"；在具体制度措施上，形成了以"八项环境管理制度"为主体结构的一套环境管理体系，促使环境管理工作由一般号召走上靠制度管理的轨道。

（2）发展阶段

1992 年 7 月，党中央、国务院批准了《中国环境与发展十大对策》，明确提出了制定可持续发展战略及主要对策措施。

1994 年 3 月，国务院发布《中国 21 世纪议程——中国 21 世纪人口、环境与发展白皮书》，确定了实施可持续发展战略的行动目标、政策框架和实施方案。

1994 年 8 月，国家计委和国家环保局联合颁布了《环境保护计划管理办法》，规范了环境规划与管理工作。

1996 年 7 月，第四次全国环境保护会议召开，提出了《国家环境保护"九五"计划和2010 年远景目标》，明确实施"污染物排放总量控制计划"和"中国跨世纪绿色工程计划"。

1998 年，国家环保总局颁布了《全国环境保护工作（1998—2002）纲要》，提出了"一控双达标"（全国主要污染物实施总量控制；工业污染源排放污染物要达到国家或地方规定的标准；全国重点城市环境空气、地面水环境质量，按功能区分分别达到国家规定的标准）和 33211 工程，加大了重点地区和重点流域的治理力度。

2002 年 1 月，第五次全国环境保护会议召开，会议提出了《国家环境保护"十五"计划》，明确了"十五"期间努力完成控制污染物排放总量、改善重点地区环境质量、遏制生态恶化趋势"三大任务"。2002 年 6 月，颁布了《中华人民共和国清洁生产促进法》，2002 年 10 月，颁布了《环境影响评价法》，标志着国民经济战略性调整正在深化。

此外，"里约会议"后，我国政府要求经济增长方式由粗放型向集约型转变，推行控制工业污染的清洁生产，实现生态可持续工业生产的工业发展环境原则；实行整个经济决策的过程中都要考虑生态要求的经济决策环境原则。环境管理由传统的行政命令加计划，转向依法行政和管理。这标志着中国环境保护事业开始进入可持续发展阶段。

（3）完善阶段

党的十六大以来，党中央、国务院提出树立和落实科学发展观、构建社会主义和谐社会、建设资源节约型环境友好型社会、让江河湖泊休养生息、推进环境保护历史性转变、环境保护是重大民生问题、探索环境保护新路等新思想新举措。2006 年和 2011 年国务院先后召开第六次全国环境保护会议、第七次全国环境保护会议，作出一系列新的重大决策部署。把主要污染物减排作为经济社会发展的约束性指标，完善环境法制和经济政策，强化重点流域区域污染防治，提高环境执法监管能力，积极开展国际环境交流与合作。全国积极推行可持续发展战略，推进经济、社会、资源、环境的协调发展，努力建成一个以资源合理开发利用、生态环境健全优美为基础的国民经济体，可以说，中国环境管理的发展已从传统模式开始转向了可持续发展的轨道，其核心体现在人们的文化价值观念和经济发展模式上。

（4）创新阶段

十八大后中国环境保护事业到了突破创新阶段。生态文明建设纳入中国特色社会主义事业"五位一体"总体布局，强调绿色低碳循环发展，实施以改善环境质量为核心的工作方针。确立我国生态环境保护工作始终坚持以打赢打好污染防治攻坚战为主线，突出精准治污、科学治污、依法治污，在法律法规体系和政策体系建设方面均取得突出进展。

第一，法律体系进一步完善。2015 年以来，先后制修订了 9 部法律。2018 年，"生态文明"写入宪法，召开全国生态环境保护大会，正式确立习近平生态文明思想，生态环境保护事业进入了新的历史发展阶段。截至 2020 年，由生态环境部门负责组织实施的法律共 13 部，另有 22 部与生态环境保护紧密相关的资源法律，涵盖水污染、大气污染、土壤污染、固体废物、噪声防治、海洋环境保护等方面，基本实现了生态环境领域各环节、各方面有法可依。同时，2020 年 5 月底，十三届全国人大三次会议审议通过了《民法典》，确立"绿色原则"为民事主体从事民事活动的基本原则，并就"环境污染和生态破坏责任"单设专章进行规定。

第二，标准体系进一步丰富。"十三五"期间，生态环境部累计制修订并发布国家生态环境标准 551 项，包括 4 项环境质量标准、37 项污染物排放标准、8 项环境基础标准、305 项环境监测标准、197 项环境管理技术规范。

第三，政策体系进一步健全。生态文明建设"四梁八柱"搭建完成。2015年9月，中共中央、国务院印发了《生态文明体制改革总体方案》，其中提出了健全自然资源资产产权制度、建立国土空间开发保护制度、建立空间规划体系等八项制度。

这个阶段，改革排污许可证，推行企事业信息公开，强化生态环保问责机制，大力推动绿色发展，改革环境经济政策，推进建设绿色金融体系，创立实施"三线一单"生态环境分区管控，以中央生态环境保护督察为代表的党委政府及其有关部门责任体系基本建立，形成了大环保格局。

阅读材料：世界环境日

1972年10月，第27届联合国大会通过决议，将6月5日定为"世界环境日"。联合国根据当年的世界主要环境问题及环境热点，有针对性地制订每年的"世界环境日"的主题。联合国系统和各国政府每年都在世界环境日这一天开展各种活动，宣传保护和改善人类环境的重要性，联合国环境规划署同时发表"环境现状的年度报告书"，召开表彰"全球500佳"国际会议。2005年以来历年主题见表5-2。

表5-2 世界环境日主题

年份	世界环境日主题	中国主题
2005	营造绿色城市，呵护地球家园	人人参与，创建绿色家园
2006	莫使旱地变为沙漠	生态安全与环境友好型社会
2007	冰川消融，后果堪忧	污染减排与环境友好型社会
2008	促进低碳经济	绿色奥运与环境友好型社会
2009	地球需要你：团结起来应对气候变化	减少污染——行动起来
2010	多样的物种，唯一的地球，共同的未来	低碳减排，绿色生活
2011	森林：大自然为您效劳	共建生态文明，共享绿色未来
2012	绿色经济，你参与了吗？	绿色消费，你行动了吗？
2013	思前，食后，厉行节约	同呼吸，共奋斗
2014	提高你的呼声，而不是海平面	向污染宣战
2015	可持续消费和生产	践行绿色生活
2016	为生命呐喊	改善环境质量，推动绿色发展
2017	人与自然，相连相生	绿水青山就是金山银山
2018	"塑"战速决	美丽中国，我是行动者
2019	蓝天保卫战，我是行动者	蓝天保卫战，我是行动者
2020	关爱自然，刻不容缓	美丽中国，我是行动者
2021	生态系统恢复	人与自然和谐共生

5.1.3 环境管理的对象和内容

任何管理活动都是针对一定的管理对象而展开的。研究管理对象，也就是研究"管什么"的问题。环境管理对象主要可以从现代管理系统的"五要素论"和人类社会经济活动主体两个方面展开研究。

（1）五要素论

环境管理的对象主要包括人、物、资金、信息和时空这五个方面。

① 人是第一个主要对象。环境管理包括对人的管理和对其他对象的管理，而对其他对象的管理又是靠人去推动和执行的。管理过程是一种社会行为，是人们相互之间发生复杂作用的过程。管理过程各个环节的主体是人，人与人的行为是管理过程的核心。

② 物也是重要研究对象。环境管理也可认为是实现预定环境目标而组织和使用各种物质资源的过程，即资源的开发利用和流动全过程管理。环境管理的根本目标是协调发展与环境的关系，从宏观上说，要通过改变传统的发展模式和消费模式去实现；从微观上讲，要管理好资源的合理开发利用，要管理好物质生产、能量交换、消费方式和废物处理等各个领域。

③ 资金是系统赖以实现其目标的重要物质基础，也是环境管理的对象。从社会经济角度出发，经济发展消耗了环境资源，降低了环境质量，但又为社会创造了新增资本。在政府的宏观调控下，市场价格机制应该在规范对环境的态度和行为方面发挥越来越重要的作用，这也应该成为环境资金管理的重要内容。

④ 信息是系统的"神经"，信息也是环境管理的重要对象。信息是指能够反映管理内容的，可以传递和加工处理的文字、数据或符号等，常见形式有资料、报表、指令、报告和数据等。环境管理中的物质流、能量流，都要通过信息来反映和控制。只有通过信息的不断交换和传递，把各个要素有机结合起来，才能实现科学的管理。

⑤ 时空条件已成为现代环境管理的重要研究对象。任何环境管理活动都是在一定的时空条件下进行的，环境管理的一个突出特点是时空特性日益突出，管理活动在不同的时空区域就会产生不同的管理效果。时空区域的差别往往是环境容量和功能区划的基础，而这些条件又构成了成功管理的要旨。

（2）人类社会经济活动的主体

五要素论已经包括了人类经济社会活动的各个方面。把握好这些管理对象，进行合理、科学的管理是解决环境问题的关键。同时，还必须以环境与经济的协调发展为前提，对人类的社会经济活动进行引导并加以约束，使人类社会经济活动与环境承载力相适应。环境管理的对象重点要放在人类的社会经济活动中。显然，应该注意人类社会经济活动的主体。人类社会经济活动的主体大致可分为个人、企业、政府三个方面。

① 个人。个人在消费物品的过程中或在消费以后，将会产生各种各样的废物，并以不同的形态和方式进入环境，从而对环境产生各种负面影响。要消除个人消费行为对环境的不良影响，首先必须明确，个人行为也是环境管理的重要对象之一。为此必须唤醒公众的环境保护意识，同时还要采取各种先进的技术和管理措施。

② 企业。企业作为社会经济活动的主体，其主要目标通常是通过向社会提供物质性产品或服务来获得利润。在它们的生产过程中，都必须要向自然界索取自然资源，并将其作为原材料投入到生产活动中，都要排放出污染物，会对环境产生不利影响。

③ 政府。政府作为社会经济活动的主体，可以为社会提供公共消费品和服务，还可以对市场进行宏观调控，会对环境产生好的或坏的影响。特别是宏观调控对环境所产生的影响具有特殊性，既涉及面广、影响深远，又不容易察觉。要解决政府行为所造成的环境问

题，关键是要促进、把握宏观决策的科学化和正确性。

5.2 环境管理模式

5.2.1 环境管理模式的演变

（1）末端控制的环境管理模式

20世纪50年代以来，随着制造业的快速发展与技术革新速度的加快，人类所依赖的资源与生产的产品范围不断扩大：人工合成的各种化学物质被不断的生产与制造，而这些化学物质不能很快或不能为自然系统吸纳与循环，因此引发了严重的环境污染问题；同时制造过程中能源与资源消耗大，排放了大量的废弃物，环境的容纳与循环能力不能承载，造成环境问题日益突出。

基于此背景，各国政府认识到地球生态环境的脆弱性，认识到环境污染对人类的可持续发展构成了日益严重的威胁，制定了一系列的环境污染法律法规、排放标准，对企业进入环境的工业废弃物的最高允许量进行限制，对企业污染和破坏环境的行为进行限制和控制。

随着污染者负担原则的提出，各国法律都规定了企业对其排放污染物的行为必须承担经济责任，凡是污染物的排放量超过了规定的排放标准，都需要缴纳超标排污费，造成环境损害的，需要承担治理污染的费用并赔偿相应的损失。在这一阶段，面对严厉的法律、法规、标准、政策，企业只能遵循相关的制度约束，为了能够在制度约束的范围内进行经营活动，其环境手段往往是在其制造的最后制造工序或排污口建立各种防治环境污染的设施来处理污染，如建污水处理站，安装除尘、脱硫装置等以"过滤器"为代表的末端控制装置与设备，为固体废弃物配置焚烧炉或修建填埋厂等方式来满足政策与法规对废弃物的排放达到排放标准的要求。这种在生产过程的终端或者是在废弃物排放到自然界之前，采取一系列措施对其进行物理、化学或生物过程的处理，以减少排放到环境中的废物总量的环境管理模式，强调的是对排放物的末端管理，可借助图5-1加以说明。

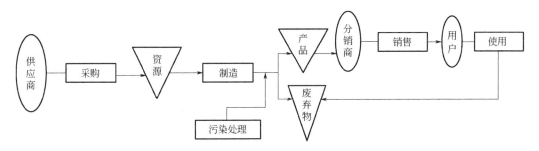

图5-1 末端控制的环境管理

以"管道控制污染"思想为核心的末端控制的传统管理模式，成为当时各国政府管理环境，调整环境冲突的主要手段。但末端控制的环境管理模式具有线性经济模式的基本特征，是一种由"资源-产品-废弃物排放"单向流程组成的开环式系统。在对废弃物进行处理与污染的控制时强调的是对企业自身制造过程中的废弃物的控制，而对分销过程与消费者实用过程中所产生的废弃物则不予考虑与控制。其环境管理的目标是通过对制造过程中的废弃物与污染物加以控制达到排放标准。经过多年实践证明,将环境污染控制的重点放在末端或排污口,在污染物产生后采取各种治理措施,有很大的局限性。具体表现为以下五个方面。

① 末端处理技术常常使污染物从一种环境介质转移到另一种环境介质。常用的污染控制技术只解决工艺中产生并受法律约束的第一代污染物,而忽视了废弃物处理中或处理后产生的第二代污染问题。

② 现行环境保护法规、管理、投资、科技等占支配地位的是单纯污染控制,而没有对全球系统面临的环境威胁提出适当的解决办法。

③ 环境问题给世界各国包括发达工业国家带来了越来越沉重的经济负担,控制污染问题之复杂、所需资金之巨大远远超出了原先的预料,环境问题的解决远比原来设想的要困难得多。

④ "污染控制"的现行法规体系和运行机制,导致部分企业(公司)养成了一种"先污染再治理"或"达标排放"的心态,成为强化环境管理、广泛实行污染预防的障碍因子。

⑤ 治理难度大,治理代价高,加重企业的经济负担。

学者和企业界的人士认为末端控制的环境管理模式无法从根本上彻底消除污染物,不能实现人和自然的和谐发展。

(2)污染预防理念

20 世纪 90 年代以来,末端控制的环境管理模式的局限性导致环境污染问题日益突出,一些发达国家为实施可持续发展战略,先后提出污染预防的环境管理理念,即尽最大可能减少生产厂家产生的全部废物量。它包括通过源削减,提高能源效率,在生产中重复使用投入的原料以及降低水消耗量来合理利用资源。在源头预防或减少污染物产生,不仅减少了处理费用与污染转移,实际上它能通过更有效地使用原材料,最终增强经济竞争力。

美国首先于 1990 年 10 月通过了《污染预防法》,正式宣布污染预防是美国的国策,在国家层面上通过立法手段确认了污染的"源削减"政策。这是工业污染控制战略的一个根本性变革,在世界上引起了强烈的反响。《污染预防法》是一部从源头防治污染源排放、实施清洁生产的重要法规,其目的就是要把减少和防止污染源的排放作为全美环境政策的核心;并要求环保局从信息收集、工艺改革、财政支持等方面来支持实施这项政策,以推进清洁生产的发展。该法明确确立了环保局、政府、企业的职责,制定了相对健全的制度体系、政策措施以及与其相协调的法律法规。

(3)基于污染预防的全过程环境管理模式

20 世纪 90 年代开始人们强调从生产和消费的源头上防止污染的产生,建立产品整个生命周期以预防为主的全过程的环境管理模式,具体技术包括生态设计、绿色制造等。全过程环境管理模式的理论基础是循环经济的系统思想,要求在人类的生产活动过程中,控制废弃物的产生,建立起反复利用自然的循环机制,把经济活动组织成为"自然资源-产品和服务-再生资源"的闭环流程。全过程的环境管理模式可以借助图 5-2 来反映。在全过程环境管理模式下需要综合利用环境管理手段,从资源的采购到废弃物的回收与处置均采取污染预防控制技术。按照生态系统的物质循环和能量流动的总规律来改进制造技术与制造工艺、销售与消费行为等产品整个生命周期的各个活动,以循环的闭环模式代替直线型的线性经济模式，实现无废或少废的采购、生产、销售与消费。

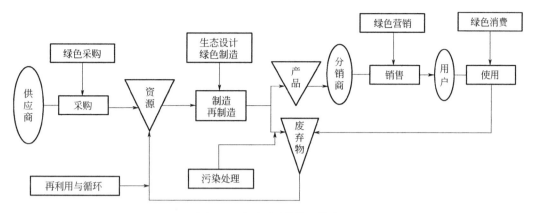

图 5-2　全过程环境管理模式

全过程环境管理模式要求企业与其他主体如供应商、分销商和产品的使用者均保持有效的协调，强调在企业内部的各活动流程上采取有效的环境预防与控制手段。在全过程环境管理模式下企业通过再循环、再利用、资源减量化等方式实现整个产品链的价值增值，避免企业消极被动地采取环保措施。从当前的研究结论来看，全过程环境管理模式可有效缓解日益增加的环境压力。

基于上述讨论，将末端控制和污染预防为主的两种环境管理模式进行比较，见表5-3。

表 5-3　两种环境管理模式对比

项目	末端控制的环境管理模式	全过程的环境管理模式
基本特征	"资源-产品-废弃物排放"单方向流组成的开环式系统	"自然资源-产品和服务-再生资源"的反馈式流程的闭环系统
态度	抵抗性地适应环境管理制度	积极主动
基本假设	自然资源的永续与无限性，产品在分销与使用过程中不产生对自然系统构成威胁的废弃物，自然降解能力的无限性	资源有限，废弃物排放是客观存在的，自然降解的能力有限
核心思想	管道末端控制污染物	循环经济与生态工业理论
基本原则	以最低的投入使得排放物达到环境标准；强调单一环境管理技术的应用	通过全过程的创新与重组实现资源减量化、再使用、再循环，实现整个产品链的增值；强调多种环境技术在产品的全过程的集成与应用
涉及主体	企业内部某一部门的操作层	整个供应链内各部门的协调，建立跨职能、跨组织的集成的环境管理系统
涉及流程	产品的生产过程	产品的设计、原材料采购、制造、分销、运输、消费、废弃物回收与处置等
代表技术	过滤器	绿色供应链管理

5.2.2　全过程环境管理模式的基本内容

基于污染预防的全过程环境管理模式主要有以下四个相关内容。

（1）源削减

源削减（source reduction）包括减少在回收利用、处理或处置以前进入废物流或环境中的有害物质、污染物的数量的活动，以及减少这些有害物质、污染物的排放对公众健康和环境危害的活动。明确指出污染排放后的回收利用、处理、处置不是源削减，预防污染更显示其与过去的污染控制有截然的区别。

源头控制是针对末端控制而提出的一项控制方式，是指在"源头"削减或消除污染物，即尽量减少污染物的产生，实施源削减。美国污染预防政策的实质就是推行源头控制，实施源削减。这是一种治本的措施，是一种通过原材料替代、革新生产工艺等措施，在技术进步的同时控制污染的方法，代表了今后污染控制的方向。

源削减常用的两种方法是改变产品和改进工艺。它们减少了产品的生命周期和废物处置中废物及制成品的数量和毒性。其内容包括设备或技术改造，工艺或程序改革，产品的重新配制或重新设计，原料替代，以及改进内务管理、维修、培训或库存控制。源削减不会带来任何形式的废物管理（例如再生利用和处理）。

为了实施源削减计划，美国采取了包括信息交换站、研究与开发、提供技术帮助/法规说明、提供现场技术帮助、对工业提供财政援助、对地方政府提供财政援助、废物交换、废物审计、举办研讨班和学习班、召开专业会议、调查和评价、出版简讯和刊物、审查预防计划、与学术界合作等措施，促进污染预防、奖励计划等内容的污染预防计划。

（2）废物减量化

废物减量化（waste minimization）也称为废物最少化，指将产生的或随后处理、储存或处置的有害废物量减少到可行的最小限度。其结果使得减少了有害废物的总体积或总数量，或者减少了有害废物的毒性，只要这种减少与将有害废物对人体健康和环境目前及将来的威胁减少到最低限度的目标相一致即可。废物减量化包括源削减和有效益的利用，重复利用以及再生回收；不包括用来回收能源的废物处置和焚烧处理。

由产生者减少有害物质的体积和毒性，其中包括削减废物产生的活动及废物产生后进行回收利用与减少废物体积和毒性的处理、处置。"减量化"不一定要鼓励削减废物的生产量和废物本身的毒性，而仅要求减少需要处置的废物的体积和毒性。

废物减量化与末端治理相比，有明显的优越性，如据化工、轻工、纺织等十五个企业投资与削减量效益比较，废物减量化的万元环境投资削减污染物的量比末端治理的高 3 倍多。但由于废物的处理和回收利用，仍有可能造成对健康、安全和环境的危害，因而废物减量化往往是废物管理措施的改进，而不是消除它们。所以"废物减量化"仍然是一个与排放后的有害废物处理息息相关的术语，其实效性如同末端治理，仍有很大局限性。

（3）循环经济

循环经济（circular economy）本质上是一种生态经济，就是把清洁生产和废弃物的综合利用融为一体的经济，它要求运用生态学规律来指导人类社会的经济活动。按照自然生态系统物质循环和能量流动规律重构经济系统，使得经济系统和谐地纳入到类似于自然生态系统的物质循环过程中，建立起一种新的经济形态。例如，自然生态系统中有机碳循环（图 5-3），能量流动（图 5-4）。

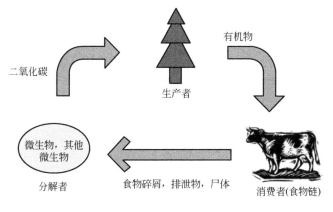

图5-3 有机碳循环图

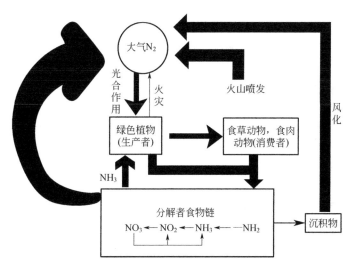

图5-4 能量循环图

生态系统中资源利用的特点：①物质（资源）得到循环利用；②没有废弃物，一个过程的废物是另一个过程的资源；③资源高效转化，能源高效利用。

循环经济是以物质、能量梯次和闭路循环使用为特征，在环境保护上表现为污染的"低排放"，甚至"零排放"，并把清洁生产、资源综合利用、生态设计和可持续消费等融为一体，运用生态学规律来指导人类社会的经济活动，与传统经济的区别见表5-4。

表5-4 循环经济和传统经济区别

传统经济	循环经济
"资源-生产-消费-废弃物排放"单向流动的线性经济	"资源-生产-消费-资源（再生）"的反馈式流程
经济增长靠高强度的开采和消费资源以及高强度地破坏生态环境	资源重复利用的比例很高，对生态环境的影响小
"三高一低"（高开采、高消耗、高排放、低利用）	"三低一高（低开采、低消耗、低排放、高利用）"

（4）污染预防层次

基于以上污染预防相关"源削减"和"废物减量化"思想的引入，可以将污染预防层次归纳为倒金字塔结构，如图5-5。

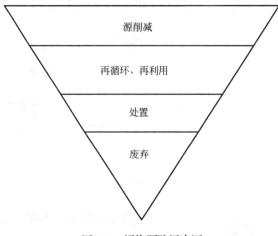

图5-5　污染预防层次图

5.2.3　全过程环境管理模式的实施

全过程环境管理模式的实施包括组织层面、产品层面和活动层面。对应于法约尔的管理过程学派，则反映了环境管理的组织职能、协调职能和控制职能。

（1）组织层面

现代社会的各种组织是有着输入与输出综合功能的、与外部环境有着密切联系的系统，而本节的组织应理解为"管理的组织职能"。主要包含了组织形态和组织各项管理活动两方面内容。清洁生产（cleaner produciton）在工业污染从传统的末端治理转向污染预防为主的生产全过程控制中扮演了极其重要的角色。

实施清洁生产，就意味着一种综合的预防环境污染战略连续应用于工艺过程和产品，以减少对人体和环境的风险性。清洁生产技术包括节约原材料和能源，消除有毒材料和减少所有排放物与废物的数量与毒性。产品的清洁生产则侧重于在产品的整个生命周期中，即从原材料提取到产品的最终处理处置，减少对环境的影响。

（2）产品层面

产品是环境管理的基本要素，而产品层面的环境管理主要是从管理的协调职能出发，重点研究单个产品及其在生命周期不同阶段的环境影响，并通过面向环境的产品设计，来协调发展与环境的矛盾。因此，产品层面的环境管理主要涉及工业企业的污染预防和ISO14000系列认证两部分内容。

（3）活动层面

活动层面的环境管理主要体现管理的控制职能，着眼于阐明各类环境管理的内容、程序和要求，而可持续发展的战略和其所倡导的全过程控制思想则贯穿于各类环境管理之中。我国的可持续战略包括三个方面：一是污染防治与生态保护并重；二是以防为主，实施全过程控制；三是以流域环境综合治理带动区域环境保护。尤其是第二点，对环境污染和生态破坏实施全过程控制，就是从"源头"上控制环境问题的产生，是体现环境战略思想和污染预防环境管理模式的一个重要环境战略。以预防为主实施全过程控制包括三个方面的内容：经济决策的全过程控制、物质流通领域的全过程控制、企业生产的全过程控制。

5.3 效益分析

20世纪30年代起对开发建设项目进行效益分析，一开始主要针对财务分析方面，而进入六七十年代，便从经济评价跨越到社会评价，实现了效益评价研究的变革。2005年以后，中国对效益评价的研究逐渐增多，主要围绕经济效益、环境效益和社会效益三方面进行，通过定性和定量分析相结合确定"最佳"方案。

5.3.1 环境效益分析

基于污染预防层次，根据相关政策和法规，进行环境效益分析，其目标是实现循环经济。环境效益指标一般包括四项内容：环境质量水平、环境污染状况、环境保护成本和生态环境的平衡性。

（1）环境质量水平

以人类与环境和谐共处的舒适度及优劣度表示环境质量。在进行相关项目论证的同时，有必要分析和预测工程实施对环境的作用和影响。为了实现客观评价，其过程应当根据相关标准进行。

（2）环境污染状况

人们在从事生产和生活过程中会使能量或物质向环境中排放，因而会造成环境污染，如果污染程度超过了环境自净的能力，则会降低环境质量。对项目来讲，如果项目造成的污染成本大于该项目收入，那么就没必要立项。

（3）环境保护成本

强化环境保护，主要体现在排污处理、废气处理、噪声治理、气味控制等方面所采取的措施，为此就需要有一定的付出，这就反映了环保成本。

（4）生态环境的平衡性

当前，人类活动对生态系统已经造成了较大的负面影响，那么新项目的实施也同此有关联。从而要求项目实施者在从事生产活动过程中，在处理与生态系统内部关系之间，能够保持能量与物质输入、输出动态的相对稳定状态，这就是生态环境的平衡性。

5.3.2 经济效益分析

项目的经济效益一般选择以下三项指标。

（1）静态投资回收期

静态投资回收期是一项重要指标，衡量项目的投资回收能力。以污水项目为例，该类项目属于公共基础设施建设项目，投资回收期将不会太短，所以存在一定的投资风险，那么无论对投资者还是决策者或经营者，必须做到"心中有数"，以实现对风险的有效控制。

（2）净现值

净现值是指在项目的计算期内，根据设定的折现率或基准率来计算各年净现金流量现值的代数和。如某项目净现值为1246.63万元（税前），及278.11万元（税后）。从经济上讲，只有净现值指标大于零，项目投资才有可行性。对于任何项目，需要综合考察项目计算周期内的全部净现金流量以及投资风险等因素。净现值这一指标意义重大，但它是一个静态指标，不能从动态的角度反映项目投资的实际收益率。

（3）资本金的利润率

资本金的利润率是利润总额占资本金总额的百分比，是反映投资者投入企业资本金的获利能力的指标。资本的盈利水平直接反映了投资获利能力，所以，资本金的利润率这一指标也为投资者所关心，因此盈利水平与投资收益密切关联。

5.3.3　社会效益分析

以国家现行政策及社会发展趋势进行社会效益分析，一般以项目对国家和地方社会发展的影响、对社会的贡献程度以及对社会的适应程度等指标，作为评价项目社会效益的基础。因此，项目的社会效益分析包括以下几个方面。

（1）促进本地区经济增长的能力

地区的经济发展是指一个地区在逐渐摆脱贫困落后的状态、拉动本地区经济增长的过程中，重点必须放在环境污染减少程度上。因为将环境治理好了，则会给社会经济发展创造有利条件，正如习近平总书记所讲的"绿水青山就是金山银山"。

（2）推动当地资源综合利用

根据党和政府近年来所作出的部署，建设资源节约型社会是我国国民经济发展体系过程的重要方略。因此，在项目评价过程中，能否科学合理地利用水资源、能源及土地资源等自然资源，也应当作为一个重要指标纳入评价体系中。

（3）社会中的适应性

社会中的适应性是考察该项目是否能与当地经济社会发展相协调，项目实施以及将来投产运营后能否与当地居民生活和社会发展同步等，这也是需要考虑的一个重要因素。

近年来，随着民众环保意识的加强，建设项目除了要关注其经济效益，对其社会效益、环境效益等方面的要求也越来越高，且随着社会的发展，涉及工程项目的影响因素和评价指标也愈加复杂。如何更好地运用科学手段科学地进行工程项目综合评价，进而构建其综合评价体系，在实现可持续发展进程中显得尤为重要。

5.3.4　综合效益评价体系

通过构建综合效益评价指标体系对不同的项目进行科学合理评价，见图5-6。

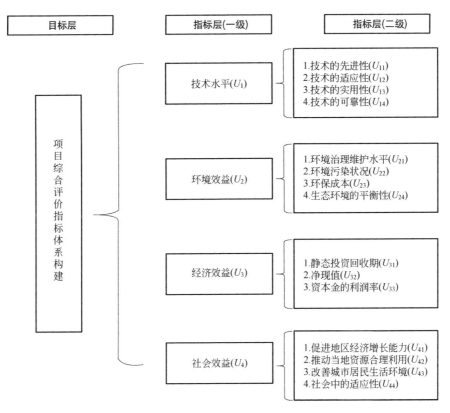

图 5-6　综合评价指标体系构建图

首先从技术的先进性、适应性、实用性和可靠性等方面进行技术上的考量。技术的先进性是指设备和工艺方案主要技术指标，与国内外相关水平相比，都处于领先地位。技术的适应性和实用性，一是指应当与经济社会发展相协调，二是指工艺设备配置和工艺设计方案能够达到最佳配置。技术的可靠性是指所选的技术方案在规定条件下能够完成既定工程目标的达标能力。这四项指标相互影响、相互作用，是有机的统一体。

评价环境效益的几个指标包括：①环境治理维护水平，是指工程实施后对周边环境的作用和影响程度，就是对环境治理的保持程度；②环境污染状况，是指工程实施后污水及其他排放物对环境污染的程度，如果这项指标超过了环境自净的能力，那么该项目就没有立项的必要；③环保成本，是指在排污处理、废气处理、噪声治理、气味控制等方面所进行的资金投入，这项指标也影响到工程项目的经济评价；④生态环境的平衡性，是指项目实施者在从事生产活动过程中，怎样处理生态系统内部之间的平衡关系。

经济效益指标体系是针对工程项目的资金投入和经营收入的相关指标进行统计比较，这是国内外工程经济评价的通用管理。该指标层中纳入了三项指标，即静态投资回收期、净现值和资本金的利润率。静态投资回收期，是指该项目的投资回收能力，是经济评价的一项重要指标；净现值，也是经济评价内容中的一项重要指标，从经济上讲，只有净现值指标大于零，项目投资才有可行性；资本金的利润率，表示资金投入后的盈利水平，可直接反映投资的获利能力。

社会效益指标主要考察项目的建设和运营过程对当地社会生活乃至整个地区经济社会发展的影响程度，它与环境效益指标有一定的关联度，而且其权重值特别重要。其评价要素构成是：促进本地区经济增长的能力，指该项目建设并进入运营后，体现出的对促进当地经济发展的贡献程度，或者说对当地社会经济发展创造了多少有利条件；推动当地资源合理利用，是指在该项目评价过程中，能否科学合理地利用水资源、能源及土地资源等自然资源，达到自然资源的最优配置；改善城市居民生活环境，是指对当地及周边环境质量的改善程度，它同样与环境效益指标具有较强的关联度；社会中的适应性，是考察该项目建设并进入运营后产生的效果，是否能与当地社会和谐发展，能否与当地居民生活和社会发展同步。

第**6**章
废水资源化项目案例

人口、资源、环境的协调可持续发展是 21 世纪人类社会的重大研究课题，其中，水资源是保障人类生活和生存的生命之源，也是保证社会经济发展的必要根本。地球上水资源总量为 13.86 亿 km³，而可供人类使用的淡水资源所占的比例很少，仅占总储量的 2.35%左右。随着经济的发展、人口的增加、城市化进程的不断加快，一方面，对水资源的需求量不断增加，另一方面，由于一些不合理的利用，导致本来短缺的城市水资源供需矛盾日益尖锐。而目前解决水资源短缺和供需矛盾的方法主要有跨流域调水、开发新水源、节约用水和中水回用等。城市中水作为一种新的水资源，正在引起各国政府部门和环保部门的重视，日益成为一种重要的城市供水水源。本章在前五章内容基础上，重点介绍以膜分离技术为主线实现废水资源化的项目案例，每个案例都分解为多个具体可实施的教学任务，而且重要任务会以知识链接的形式对国家和行业发展密切相关的主题加以补充。

此外，基于地方应用型大学"以服务地方经济社会发展为根本使命，为地方培养和输送高素质应用型人才为核心职能"的理念，本章依托以学生为中心的具有"多元协同、多方融合、全面贯通"的创新性教学模式的环境工程类项目化教学体系开展教学活动。在实际教学中形成"多学科交叉教学内容、跨学科教学团队、创新多元化考评机制"的特色。通过本章项目案例的学习不仅可激发学生自主学习的热情，更可实现"知识融合、素质贯通、能力递进"的教学效果，助推地方应用技术型高校学生专业知识向能力的转变，促进教育链、人才链与产业链、创新链有机衔接。

6.1 项目化教学

6.1.1 项目化教学概况

现阶段，高校环境工程专业教学过程中，"重理论、轻实践"，"重传统、轻创新"的教育弊端依然存在。主要表现在以下几个方面：

① 专业课程的教学过程主要是以老师为教学主体，采用"填鸭式"的教学方式，学生只能被动地接受知识，难以调动学生学习的积极性，从而导致教学效果一般。

② 实验课程通常围绕某个教学知识开展，先由老师讲解实验内容和实验操作过程，然

后学生根据老师的讲解结合实验目的分组完成实验，最后对实验得到的数据进行记录和分析。这种传统的实践教学方式仅仅是学生对操作的模仿，不需要过多的思考，造成学生缺乏创新意识。

③ 近年来企业招聘更加关注学生相关工作经验和项目开发能力，而传统的高校教学模式偏重于理论知识的传授，缺乏对学生实践技能和项目化思想的渗透，理论与实践脱离，导致本科毕业生实践能力弱、工程背景差，难以满足社会经济发展的需求。

通过项目化教学能有效实现学生理论知识和实践技能的有机融合，产业技术与培训培养的无缝衔接，不仅可以有效提升学生的自主学习能力、实践操作能力，而且对于创新创业、交流沟通和团队合作等能力的培养具有其他教学方法无可比拟的优势。

项目化教学是基于理论指导实践的一种行动导向教学模式，其实施的主要流程一般可分为以下几个阶段：①教师提出任务，学生讨论；②学生制订计划，教师审查；③学生分组及明确分工，合作完成项目；④学生自我评估，教师评价；⑤记录归档，应用实践。

项目化教学的主要特点是在课程教学中将培养目标分解成具体可实施的教学任务，并结合与社会实践密切相关的主题，形成资源限定、目标明确的项目，进而通过实施来完成教学，并实现课程目标。

项目化教学不仅能使大学生直接学到理论知识，还能培养学生的操作技能和系统实践能力，是体现"以学生为中心"理念的有效载体。近年来，各类高校也都积极在项目化教学方面进行尝试，项目化教学必将成为各类高校，尤其是地方应用型本科院校教学改革的新方向。

6.1.2 项目化教学实施

我院环境工程专业持续创新以"膜分离技术应用创新协同能力培养"为主线的系列项目化教学。经多年实践，实现了项目课程模块化、项目团队复合化、评价机制多元化，使项目化教学持续创新。在实施中有以下特点。

（1）专产对接、项目引领的"大工科"课程群

基于"学科专业对接产业链"和"全面服务地方战略新型产业"的建设思路，依托跨学科教学团队，构建模块化、集成式课程群（图6-1），有利于学生形成专业相关、多元交叉、系统化、全面化的知识体系，培养社会发展所需的复合型人才。

（2）校企政深度融合的跨学科项目团队

深化产教融合、校企合作理念，搭建学校、企业、政府、社会四维度协同育人平台（图6-2），组建跨学科教学团队，营造"内容共商、团队共建、课程共授、评价共施"的教学形态，实现理实一体化的教学情景，利于学生实践创新能力的培养。

（3）突出职业能力和创新实践能力培养的育人评价机制

遵循"大工科"人才培养以实践为导向的原则，通过"自评+互评+他评"方式，构建"点、线、面"一体式的多元化评价机制（图6-3），侧重对学生学习全过程、全方位的评估，形成反馈-改进的闭环评价，实现学生的反思性成长。

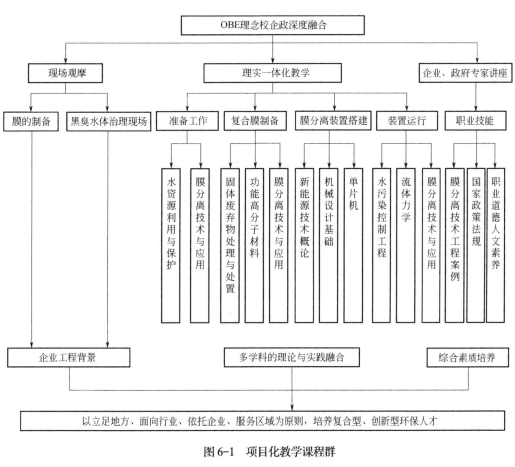

图 6-1　项目化教学课程群

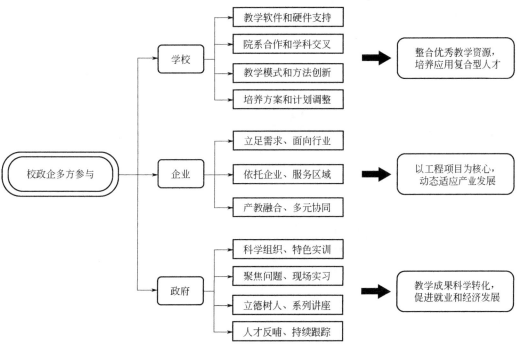

图 6-2　校企政协同育人平台

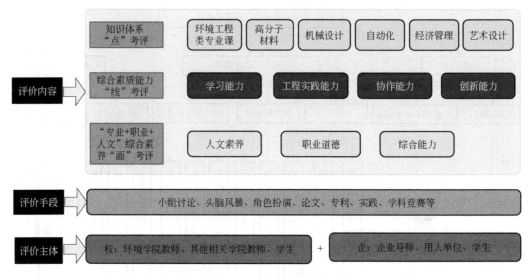

图 6-3 育人评价体系

在环境工程专业教学中有效引入项目化教学，通过"构建多学科交叉教学内容、组建跨学科项目团队、创新多元化考评机制"，可形成"多元协同、多方融合、全面贯通"的教学模式，实现"知识融合、素质贯通、能力递进"的教学效果，极大提升学生工程实践、创新创业、持续发展等综合能力（图 6-4）。

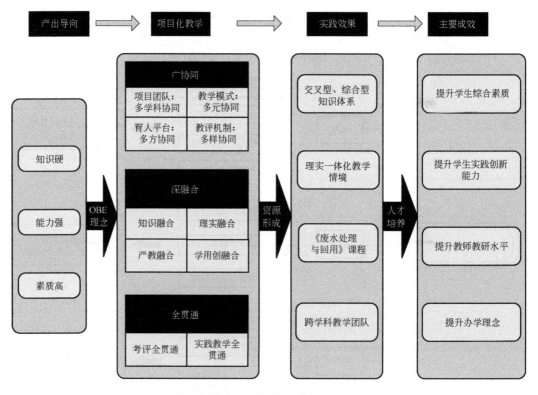

图 6-4 项目化教学效果图

6.2 实验废水的处理

6.2.1 项目背景

近年来，随着我校招生规模的迅速扩大，教学科研水平的提高，在教学和科研中化学、化工、生物类实验室也随之增加，各实验室所排放的废液量也相对增多，所含污染物成分复杂。在开展实验教学时，每个实验室的学生都是变化的，流动性大且人数多，废液排放的管理难度很大。有的学生随意倾倒实验废液，这样不经处理会直接进入城市市政管网，最终流入城市污水处理厂，而城市污水处理厂并没有做好针对高校实验室特种污染源的准备，这就意味着大量的特种污染物实际上最终排入了受纳水体，后患无穷。学校教务处也联系了回收废液的相关企业，但是企业处理的价格高，近 3 年来，企业的废液处理费用逐年上升，部分废液的处理价格已远高于购买试剂的价格，而且企业到学校收集实验室废液时还要收取一定的交通运输费，给学校带来了一定的经济压力。

本项目利用 $g\text{-}C_3N_4$ 和 TiO_2 的光催化性能对 PVDF 进行修饰改性，制得兼具光催化降解性能的 PVDF 复合中空纤维膜。将干-湿纺丝法制得的复合膜设计为浸没式膜组件，利用太阳能作驱动，深度处理化学实验教学和相关老师科研中产生的废水，产生一定的经济效益和环境效益，具有较好的节能减排示范效应。

6.2.2 任务一：膜分离技术

膜分离技术是近 20 年迅速发展起来的一种新兴的高效分离、提纯、净化技术，是采用高分子膜作介质，以附加能量作推动力的一种分离新技术。在水处理过程中，它是通过膜表面的微孔截留作用来达到分离浓缩水中污染物的目的，膜分离过程中一般无相变和二次污染，可在常温下连续操作，具有能耗低、设备体积小、操作方便、容易放大等优势。膜分离技术工作示意图见图 6-5。

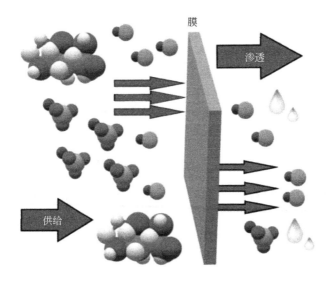

图 6-5 膜分离技术工作示意图

20 世纪 80 年代后期，该技术在欧美和澳大利亚开始进入实用阶段，是深度处理的一种高效手段，反渗透（RO）、超滤（UF）、微滤（MF）、纳滤（NF）均能有效去除水中臭味、色度、消毒副产物前体及其他有机微生物。但是在实际应用过程中容易产生浓差极化和膜污染等问题，增加膜分离运行的成本和能耗。因此，开发性能优异的膜材料在膜分离技术研究领域中尤为重要。作为最为典型的膜材料之一，聚偏氟乙烯（PVDF）具有优良的耐化学性、耐高温、耐酸碱等优点而备受青睐，但是 PVDF 表面能低，在水处理过程中易受到憎水物质的污染，造成分离效率降低和使用寿命缩短，这些都限制了它的实际应用。

为了减缓 PVDF 膜的膜污染问题，提高其抗污染性，在铸膜液中添加亲水性粒子对其进行改性、提高其表面亲水性能无疑是一种行之有效的方法。20 世纪 90 年代中期有人将少量无机粉体引入到聚合物制膜体系，以期将无机材料的耐热、化学稳定性与聚合物的柔韧性和低成本相结合，得到无机/有机复合膜。已有的研究结果显示，无机/有机复合膜的选择性和渗透量与纯聚合物膜相比有显著提高，可以满足特定的分离过程。无机/有机复合膜的出现代表着新型功能分离膜材料领域的研究方向，不仅为分离膜领域增添了新的品种，而且为解决单一膜材料难以克服的缺陷提供了新的途径。

近年来，随着纳米粒子填充聚合物膜的研究领域不断拓展，在 PVDF 铸膜液中填充的纳米粒子包括氧化硅、氧化铝、氧化钛、沸石、炭黑、MCM41、MCM48、氧化石墨烯、氮化碳等。其中纳米粒子 TiO_2 不仅具有亲水性，而且具有光催化活性高、稳定性强、低廉易得等优点，其优异的光催化性能尤其受到青睐。众所周知，光催化技术是分解有机污染物的有效途径，可以将有机污染物转化为 H_2O、CO_2、PO_4^{3-} 等无机小分子，达到完全矿化的目的，作用机理见图 6-6。然而随着对其研究的深入，发现如果将二氧化钛直接添加至铸膜液会引起粒子分布不均匀、光催化效果差等缺陷，将 TiO_2 光催化粒子用金属元素、g-C_3N_4 等进行修饰后再与膜分离技术以光催化分离膜的方式进行耦合制得的复合膜的光催化性和抗污染性更优。

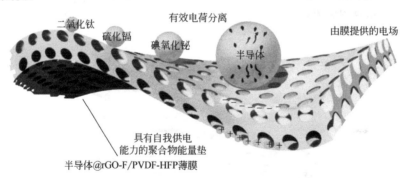

图 6-6　光催化-膜分离耦合技术示意图

将氧化钛经石墨相氮化碳修饰使其具备优异的光催化性和亲水性，进而制得抗污染性和分离性能更优的 PVDF 复合膜。光催化-膜分离技术有机融合，有效缓解膜污染问题的同时提高了处理效率，进一步拓宽了膜分离技术的应用，尤其可以高效经济节能地对污水进行深度处理，使水质达到回用水标准，实现水的资源化，推进我国节水型社会的建设。

课后任务：查阅文献熟悉膜改性理论知识，列举两种改性方法。

6.2.3 任务二：实验废水调查

根据环境工程学院各专业的实验课表，列出各个年级进行的实验课名称以及各实验产生的污染物，见表6-1。

表6-1 实验室污染物明细

实验学科	实验名称	主要污染物
分析化学实验	① 酸碱溶液的标定和比较滴定； ② 碳酸钠和碳酸氢钠混合碱的测定； ③ 自来水硬度的测定	浓 HCl、邻苯二甲酸氢钾、无水碳酸钠、酚酞、甲基橙试剂、HCl 标准溶液、混合碱、EDTA 标准溶液、碳酸钙、铬黑 T 指示剂、Ca 指示剂、氨缓冲溶液、三乙醇胺溶液、NaOH 溶液、硫化钠溶液
无机化学实验	① 粗硫酸铜的提纯； ② 硫酸亚铁铵的制备； ③ 酸碱反应和缓冲溶液； ④ 硫代硫酸钠的制备及性质检验； ⑤ 氧化还原反应	硫酸、氢氧化钠、过氧化氢、KSCN 溶液、碳酸钠、Fe^{3+} 标准溶液、盐酸、HAc 溶液、NaOH 溶液、$NH_3 \cdot H_2O$ 溶液、NaCl 溶液、Na_2CO_3溶液、NH_4Cl 溶液、NaAc 溶液、$BiCl_3$溶液、$CrCl_3$溶液、Fe（NO_3）$_3$溶液、NH_4Ac 溶液、酚酞、甲基橙、$AgNO_3$、碘水、无水乙醇、KI、$KMnO_4$、KBr、$FeCl_3$、硫代乙酰胺、氯水、溴水、CCl_4、硫酸亚铁、硝酸、$H_2C_2O_4$、Na_2SO_3、NH_4F、$MnSO_4$
有机化学实验	① 粗乙醇蒸馏结晶； ② 苯甲酸的重结晶； ③ 环己酮的制备； ④ 乙酰水杨酸的合成； ⑤ 查尔酮的制备	工业乙醇、粗苯甲酸、环己醇、次氯酸钠、冰乙酸、饱和亚硫酸氢钠溶液、碳酸钠、氯化钠、水杨酸、乙酸酐、浓硫酸、饱和碳酸钠溶液、HCl、$FeCl_3$、NaOH、苯乙酮
仪器分析实验	① 紫外光谱法测量物质的含量； ② 红外光谱法对物质结构的分析； ③ 物质成分的毛细管气相色谱分析； ④ 高效液相色谱法测定样品中的苯甲酸	维生素 C、乙酰苯胺、苯甲酸、水杨酸、溴化钾、乙醇、乙酸酐、乙酸乙酯、苯甲醇、邻苯二甲醚、无水乙醇、苯甲酸标准溶液
环境监测实验	① 水中六价铬的测定； ② 地表水化学需氧量的测定； ③ 土壤有机质的测定； ④ 原子吸收分光光度法测定土壤中铜和铁的含量； ⑤ 土壤总磷的测定	丙酮、硫酸、磷酸、氢氧化钠、硫酸锌、高锰酸钾、重铬酸钾、六价铬、二苯碳酰二肼、显色剂、硫酸汞、浓硫酸、亚铁灵指示液、葡萄糖、铁标液、铜标准液、无水乙醇、磷酸盐、二硝基酚指示剂、抗坏血酸、钼酸盐溶液
水污染控制实验	① 混凝沉淀实验； ② 活性污泥的性质测定； ③ 活性污泥的培养； ④ 综合设计实验	氯化铁、HCl、NaOH、磷酸二氢钾、尿素、葡萄糖、酸性大红、酸性金黄
微生物实验	① 培养基的配制与灭菌； ② 细菌纯种分离、培养和接种技术； ③ 细菌的简单染色和革兰氏染色； ④ 细菌菌落总数的测定	琼脂、NaOH、牛肉膏、蛋白胨、氯化钠、染色剂

南京工程学院环境工程学院每个年级平均大概有 250 名学生，根据每学期各个年级所做实验来计算，每次实验的污染物的量乘以相应人数得到污染物总用量（表6-2）。

表 6-2　环境工程学院污染物产生量

污染物性质	污染物	污染物学期产生量	污染物	污染物学期产生量
有机物	乙醇	30L	苯甲酸	600g
	环己醇	1.5L	冰乙酸	3.5L
	水杨酸	345g	乙酸酐	1L
	苯乙酮	1.5L	苯乙醛	1.3L
	丙酮	0.5L	牛肉膏	500g
	蛋白胨	1500g	琼脂	3000g
	混凝剂	4L	葡萄糖	500L
	苯甲醇	125g	邻苯二甲醚	500g
	醋酸	5L	醋酸钠	5L
	硫代乙酰	0.25L	EDTA	10L
	乙二胺四乙二酸二钠	500g	邻苯二甲酸氢钾	125g
	铬黑 T 指示剂	7.5g		
无机物	次氯酸钠	10L	亚硫酸氢钠	1.25L
	碳酸钠	1030g	氯化钠	2000g
	硫酸镁	125g	硫酸	250mL
	碳酸氢钠	6.25L	盐酸	3.75L
	氢氧化钠	15L	铬标准使用液	8L
	磷酸	125mL	含铬溶液	12.5L
	重铬酸钾	2.5L	浓硫酸+硫酸银	7.5L
	混合碱	6.25L	溴化钾	25g
	硫酸铜	1250g	过氧化氢	250mL
	氨水	2.5L	氯化铵	2.5L
	碳酸钠	5L	硫酸铵	1000g
	KSCN	250mL	碘化钾	625mL
	高锰酸钾	125mL	氯化铁	250mL
	四氯化碳	125mL	硫酸亚铁	250mL
	碳酸钙	100g	氨缓冲溶液	2.5L
	钙指示剂	7.5g		

实验室的废水不仅仅是液态的失效试剂（如废洗液、废有机溶剂等）、液态的实验废弃产物或中间物质（如各种有机溶剂、离心液、液体副产物等）以及各种洗涤液（如产物或中间产物的高浓度洗涤液、仪器或器皿的润洗液和高浓度洗涤废水等），还有实验过程中排

放的浓度与毒性较低的实验废水，例如使用大量清水对实验器皿和实验产物进行清洗的洗涤废水，毒性小、浓度低的废弃试液以及用于冷却和加热的水等。

根据实验室废水的产生量以及实验室仪器清洗等其他用水的使用量推算，每位学生每次实验除实验试剂，其他用水消耗 2L，环境工程学院产生废水共计 20m³（其中，实验废液约 5m³，其他用水约 15m³）。

除教学安排的实验用水外，科研创新的实验用水经估算日均约 100L，其中包括大二大三的科创实验用水以及大四学生毕业设计实验用水，一学期实验用水大约 8m³。

综上所述，环境工程学院实验楼一学期的废水产生量约为 28m³。

课后任务：参考以上方法，通过调查分析，预估我院科研产生的废水及污染物量。

6.2.4 任务三：项目设计

高校化学教学和科研中会产生许多实验废水，其排放量及水质具有不确定性、动态性、成分复杂等特点，未经处理直接进入市政管网，最终排放到自然水体，造成环境的负效应。本项目通过添加光催化粒子对 PVDF 膜改性，克服传统有机高分子膜材料疏水性、易污染等缺陷；将太阳能作为廉价环保能源，为膜分离装置提供动力，利用太阳能进行光伏转换，使电机运行而驱动水泵工作。该装置可深度处理实验废水，经济有效地解决了废液随意倾倒引发的环境问题，具有显著的社会效益和经济效益，有相当良好的商业应用前景。项目设计思路图和装置设计图见图 6-7 和图 6-8。

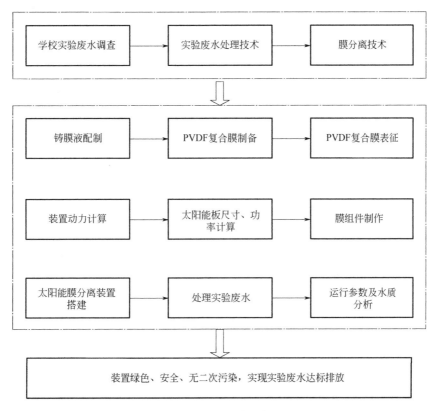

图 6-7　项目设计思路图

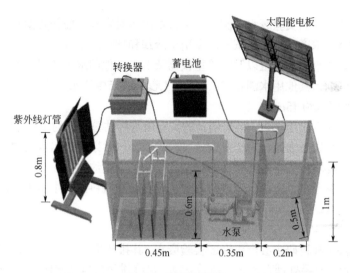

图 6-8　装置设计图

课后任务：查阅资料了解绿色能源类型和特点，阐述本项目开展的工作思路。

6.2.5　任务四：PVDF 膜制备及表征

理论链接：中空纤维膜。

分离膜是由很薄的聚合物层覆盖于 $100\sim200\mu m$ 厚的多孔支撑层上所形成的，支撑层只起支撑作用而不影响膜的分离特性以及膜的渗透速度。因为在超滤及反渗透过程中，渗透速度和起选择渗透作用的膜厚成反比，故非对称膜比相同厚度的对称膜有大得多的渗透速度，而且可以承受很高的压力。

非对称膜的制备有两种方法：一种是利用相转化过程，另一种是把一层极薄的膜附在微孔的支撑层结构上而形成复合结构。本项目中采用的是前者，将聚合物溶解在适当的溶剂中，以形成聚合物含量为 10%～30% 的溶液，把这种溶液浇铸成液膜，将此膜放在非溶剂中凝胶，对大多数聚合物膜基本上可用水或水溶液作凝胶溶液，在凝胶过程中，均相的聚合物溶液沉析成二相：高聚合物的固相——形成膜的组织部分，富溶剂的液相——形成膜孔，而开始时很快形成的膜表层中的孔要比以后形成的膜底层中的孔小得多，从而形成非对称的膜结构。

中空纤维膜是一类自支撑式膜，与平板膜、管式膜相比，其突出的特点及优势是膜器件中膜的有效装填密度高，不用任何支撑体，可使设备的加工简化，设备小型化，结构简单化。中空纤维膜的制备方法主要有湿法纺丝（干-湿法纺丝）、熔融纺丝和干纺丝。其中干-湿法纺丝是制备可溶性聚合物中空纤维膜的最常用方法。世界上最早的中空纤维超滤膜是由美国 DOW 化学公司研制成功的，其材质为醋酸纤维素酯和纤维素。国内是上海市纺织科学研究院于 1984 年首先研制出内压式中空纤维超滤膜装置。

（1）PVDF 复合膜制备（详细操作步骤见实验指导手册）

① 铸膜液配置。将 PVDF、TiO_2、$g-C_3N_4$、DMF 按一定比例混合、强力搅拌、静置脱泡。将聚偏氟乙烯（PVDF）和要添加的 TiO_2 和 $g-C_3N_4$ 粒子提前放入烘箱内，处于干燥状态，防止在实验室受潮。取 2g PFG-6000 加入到 150mL 的 DMF 中，放入恒温加热磁力搅

拌器中，温度设为50℃，等PFG-6000完全溶解后（搅拌10min左右）加入一定量PVDF，同时加入2~3滴硅烷偶联剂，待PVDF完全溶解（30min左右）再加入改性粒子4% TiO_2和2.8% g-C_3N_4，再搅拌3~4h，静置脱泡待用。本实验中，微量的水分对聚合物溶液有较大影响，为了防止水分造成的相分离，无论是所用的药剂还是仪器，都必须经过仔细干燥。

② 中空纤维膜的制备。将聚合物溶液用氮气压入过滤器，最后到达特制喷丝头组件的喷丝板，当纺丝液出喷丝孔后即形成具有初生态的中空纤维。挤出的纤维经过很短的空气暴露蒸发，使新生态的纤维形成具有一定分离能力的致密皮层，然后垂直进入凝固浴中进一步固化成型。经水洗后，纤维卷绕在筒上，湿态保存备用。纺制好的中空纤维膜在去离子水中浸泡两天后，平均分为三份后分别用水、甘油和苯磺酸钠后处理，除去增塑剂后用环氧树脂将膜浇铸、黏结成组件。由于溶剂采用的是水，因此得到的分离膜为水溶胀膜，水的含量相当于膜的孔隙度。由于要求聚合物溶液要浸入到非溶剂中而又不破坏其结构，因此湿法成膜要求聚合物溶液的黏度要大（>10Pa·s）。否则液体的流动和放入过程的不均匀受力会将其撕裂。

本任务中实验采用干-湿纺丝法制膜，其制备装置见图6-9，纺丝机效果图见图6-10。

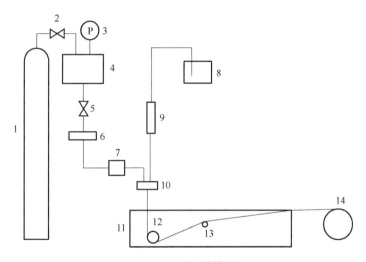

图6-9 中空纤维膜制备装置图

1—氮气瓶；2—阀门；3—压力表；4—溶液釜；5—阀门；6—过滤器；7—计量泵；

8—芯液槽；9—流量计；10—喷丝头；11—凝胶浴槽；12—导丝钩；13—导丝辊；14—卷丝筒

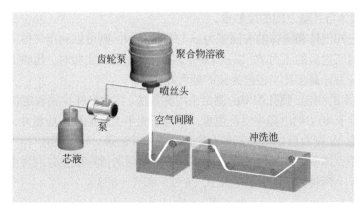

图6-10 纺丝机效果图

（2）PVDF 膜表征

本项目中微观表征作为课外知识，复习《仪器分析》中关于热重、红外、扫描电镜的相关工作原理和操作，须具备一定的分析能力。最大孔径、孔隙率、水通量等实验如下。

① 最大孔径的测定。在分离膜表面或深层不能有缺陷即空穴存在，不少膜工作者对膜的微观结构用电镜进行了多层次观察，揭示了它的精确结构，与膜的生成机理建立了联系，但这种观察太局部，很难了解全貌。实际上，影响膜大规模工业使用的是膜表面或深层的空穴，尽管它的数量很少，但影响严重：不能实现分子级水平的有效分离和纯化；透水率衰减快而不能有效恢复；膜使用寿命降低，所以膜的孔径是膜的最重要参数之一。

本项目主要熟悉中空纤维膜最大孔径的测定，其测定方法很多，如泡压法、汞压法、滤速法等，本实验采用较准确而又方便易行的泡压法进行测定，取第一个气泡出现时所对应的压强值，再得出最大孔径。当多孔膜的孔被已知表面张力的液体完全润湿时，空气通过膜孔所需的压力与膜孔（毛细管）半径关系见式（6-1）。

力平衡时：

$$P_1 = P_2$$

式中　P_1——毛细管力，Pa；

　　　P_2——液柱重力，Pa。

$$2\pi r \sigma \cos\theta = \pi r^2 h \mathrm{d} g$$

$$r = \frac{2\sigma\cos\theta}{h \mathrm{d} g}$$

又因为毛细管中的压力 P_1 可用下式表示：

$$P_1 = \frac{\pi r^2 h \rho g}{\pi r^2}$$

可以导出孔径与压力的关系为：

$$r = \frac{2\sigma\cos\theta}{P} \tag{6-1}$$

式中　P——压力，MPa；

　　　r——孔径，μm；

　　　σ——表面张力，mJ/m^2；

　　　θ——液体与孔壁之间的接触角。

因此，若已知气体和液体的表面张力 σ 与接触角 θ，则可以利用气体通过膜孔并在膜面上产生气泡时所对应的压力 P，以式（6-1）来求孔半径。实验时，用膜面上出现第一个气泡所对应的压力计算出孔半径作为膜的最大孔径。

② 膜孔隙率的测定。膜孔隙率的测定采用称重法。将中空纤维膜取定长 10cm 的样品，放在滤纸上，置于 40℃ 的烘箱中烘至恒重，在电子天平上准确称出质量并记录。将膜样品置于酒精中浸泡 4h 左右后在电子天平上称其湿重，并记录。还可采用体积法用 1mL 移液管测量膜的体积，体积值即为放入样品后移液管中酒精的读数减去移液管中酒精最初的读数。孔隙率（ε）两种方法的计算采用式（6-2）和式（6-3）。

$$\varepsilon_1 = \frac{W_{湿} - W_{干}}{W_{湿}} \times 100\% \tag{6-2}$$

$$\varepsilon_2 = \frac{W_{湿} - W_{干}}{W_{湿} \times \rho_{酒精}} \times 100\% \qquad (6\text{-}3)$$

式中　ε——孔隙率，%；

$\quad\quad W_{湿}$——湿膜样品的质量，g；

$\quad\quad W_{干}$——干膜样品的质量，g；

$\quad\quad \rho_{酒精}$——酒精的密度，g/m³。

③ 水通量的测定。将中空纤维膜制成膜组件，计算出膜面积，测定在不同压力下一定时间内的纯水通量，将其换算成标准单位。膜的水通量 J 采用式（6-4）计算，水通量测定装置图见图6-11。

$$J = \frac{W}{S \times t} \qquad (6\text{-}4)$$

式中　J——水通量，L/（m²·h）；

$\quad\quad W$——滤出液的体积，L；

$\quad\quad S$——有效膜面积，m²；

$\quad\quad t$——时间，h。

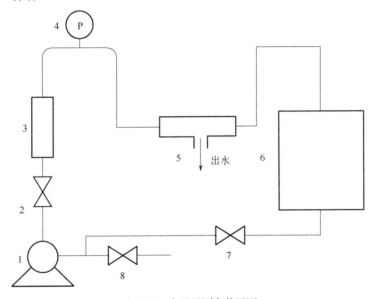

图6-11　水通量测定装置图

1—蠕动泵；2—阀门；3—流量计；4—压力表；

5—组件；6—水箱；7—阀门；8—阀门

④ 分离性能的测定。中空纤维膜的截留率可定性地评价纤维膜表面微孔的孔径，测定截留率所用的标准物质国内外许多公司都是保密的，这种标准物质既要能溶于水、无毒、无腐蚀性，其分子形状又最好是球形并且体积稳定的。考虑到价格的关系，虽然有的物质能符合上述要求，但由于价格太高，一般较少采用，聚乙二醇（PEG）虽然分子形状是链状的，但由于它的价格便宜，又能基本上满足测试的要求，故多被采用，各种分子量的蛋白质也常用作标准物质。在本任务中，用的是PEG20000（分子量20000）和牛血清白蛋白（分子量67000）。

将样品溶液在室温及一定压力条件下，通过膜组件过滤装置，收集透过液。用重铬酸钾滴定法分别测定原液与透过液的 COD 值，计算其截留率，见式（6-5）。

$$R_u = \frac{(COD_{原液} - COD_{透过液})}{COD_{原液}} \times 100\%$$ （6-5）

式中　R_u——截留率，%；

　$COD_{原液}$——进水 COD，mg/L；

　$COD_{透过液}$——出水 COD，mg/L。

对牛血清白蛋白的截留率计算还可以用紫外分光光度法，截留率计算见式（6-6）。

$$R_u = \frac{A_{透过液}}{A_{原液}} \times 100\%$$ （6-6）

式中　$A_{原液}$——原水的吸光度；

　$A_{透过液}$——出水的吸光度。

课后任务：具体操作参考配套实验手册。通过查阅相关文献资料，对比分析改性膜和空白膜的分离效果。

6.2.6　任务五：膜分离装置搭建及运行

知识链接：太阳能。

太阳能电池又称为"太阳能芯片"或"光电池"，是一种利用太阳光直接发电的光电半导体薄片。它只要被满足一定照度条件的光照到，瞬间就可输出电压及在有回路的情况下产生电流。在物理学上称为太阳能光伏（photovoltaic，缩写为 PV），简称光伏。太阳能电池是通过光电效应或者光化学效应直接把光能转化成电能的装置。太阳能电池发电是一种可再生的环保发电方式，发电过程中不会产生二氧化碳等温室气体，不会对环境造成污染。

太阳能发电系统由太阳能电池组、太阳能控制器、蓄电池（组）组成。如输出电源为交流 220V 或 110V，还需要配置逆变器。各部分的作用如下。

① 太阳能电池板：太阳能电池板是太阳能发电系统中的核心部分，也是太阳能发电系统中价值最高的部分。其作用是将太阳能转化为电能，或送往蓄电池中存储起来，或推动负载工作。太阳能电池板的质量和成本将直接决定整个系统的质量和成本。

② 太阳能控制器：太阳能控制器的作用是控制整个系统的工作状态，并对蓄电池起到过充电保护、过放电保护的作用。在温差较大的地方，合格的控制器还应具备温度补偿的功能。其他附加功能如光控开关、时控开关都应当是控制器的可选项。

③ 蓄电池：一般为铅酸电池，一般有 12V 和 24V 两种，小微型系统中，也可用镍氢电池、镍镉电池或锂电池。其作用是在有光照时将太阳能电池板所发出的电能储存起来，到需要的时候再释放出来。

④ 逆变器：在很多场合，都需要提供 AC220V、AC110V 的交流电源。由于太阳能的直接输出一般都是 DC12V、DC24V、DC48V。为了能向 AC220V 的电器提供电能，需要将太阳能发电系统所发出的直流电能转换成交流电能，因此需要使用 DC-AC 逆变器。在某些场合，需要使用多种电压的负载时，也要用到 DC-DC 逆变器，如将 24VDC 的电能转换成 5VDC 的电能（注意，不是简单的降压）。

全球面临能源危机和环境污染，清洁可再生的太阳能电池无疑将成为 21 世纪最具市场的绿色能源。

（1）膜装置搭建及运行

本任务设计深度处理实验废水的太阳能膜分离装置，包括箱体、水泵、固定管组、若干光催化膜组件、太阳能板、电转换器和紫外线灯；箱体具有一废水池和一净水池，光催化膜组件设置在废水池中，光催化膜组件的一端与固定管组的进水端口连接，固定管组的出水端口通过水管连接水泵的入口，水泵的出口通过水管导入净水池中；废水池的一侧壁为透光板，紫外线灯设置于透光板的外侧，并能够透过透光板对废水进行照射；太阳能板与蓄电池电连接输出电能至蓄电池中蓄电储能，蓄电池与电转换器连接实现直流电转换为交流电，电转换器与水泵和紫外线灯电连接为其提供电能。分离装置结构示意图见图6-12。

光催化膜组件包括上固定接头、下固定端头和具有光催化作用的中空纤维膜；中空纤维膜一端的壁与上固定接头的壁形成密封连接，另一端与下固定端头形成封口连接；废水穿过中空纤维膜的壁进入其内孔中实现净化，然后经过固定管组和水泵进入净水池中（图6-13）。固定管组包括若干横管和若干竖管，横管相互垂直连接，其中一竖管朝上垂直连接在横管上用作出水端口，其余竖管朝下垂直连接在横管上，用作连接光催化膜组件的进水端口（图6-14）。

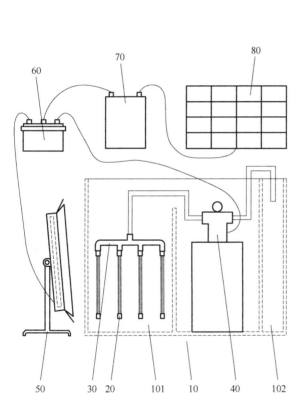

图6-12　分离装置结构示意图

10—箱体；101—废水池；102—净水池；20—光催化膜组件；
30—固定管组；40—水泵；50—紫外线灯；
60—电转换器；70—蓄电池；80—太阳能板

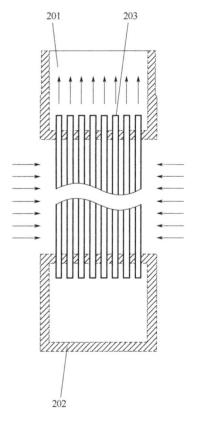

图6-13　膜组件的结构示意图

（注：图中箭头所指为废水净化路径。）
201—上固定接头；202—下固定端头；
203—中空纤维膜

通过采用具有光催化作用的膜组件搭建膜分离装置（图 6-15），不仅实现了实验室废水的净化，而且还大大降低了膜的污染，提高了膜组件的使用寿命，降低了处理成本；此外还通过太阳能板提供更清洁廉价的能源供该装置运行，尤其适用于实验室等场所。

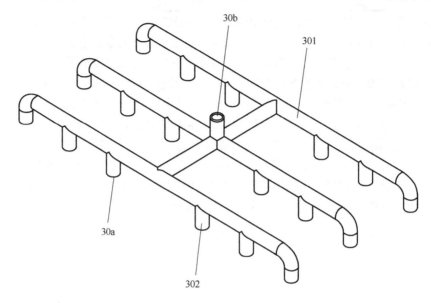

图 6-14　固定管组的结构示意图

30a—进水端口；30b—出水端口；301—横管；302—竖管

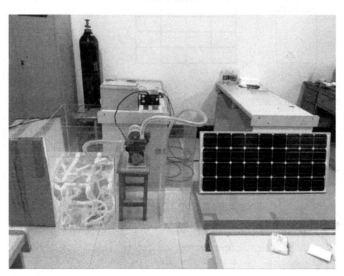

图 6-15　膜分离装置实物图

（2）水质监测及分析

本任务通过实验探究搭建的膜分离装置对含有重金属、泥沙、悬浮物、胶体、微生物群落以及一部分有机物的实验室废水的处理效果，参照第3章的监测方法对进出水水质进行监测分析，该装置在实验室处理不同浊度的废水去除效果和对牛血清白蛋白的截留效果分别见表6-3和表6-4。

表 6-3 浊度去除率

原水浊度/NTU	出水/NTU	去除率/%
5.14	1.2	77
7.20	2.5	65
8.52	2.8	67
12.29	3.5	78
6.89	1.86	77

表 6-4 对牛血清白蛋白的截留效果

组件	$A_原$	$A_出$	去除率/%
PVDF 复合膜	0.1885	0.0753	60.05

课后任务：四位同学为一个小组，在实验室搭建并运行本装置，完成进出水 COD_{Cr} 监测分析。

（3）效益分析

目前我校实验室废水仍有一部分被学生随意倾倒，直接进入市政管网，污染水体，针对这一现象设计该装置来处理实验室废水。本作品与市场上的膜分离装置相比有以下特点：①本作品采用浸没式膜组件，经济简单，易清洗，节约使用成本；②在铸膜液中添加了一定比例的光催化粒子对 PVDF 膜进行改性，搭建的膜分离装置在处理实验室废水过程中充分利用光催化-膜分离耦合技术，金属粒子、硫化物、挥发酚等去除率较高；③选用清洁廉价的太阳能为该装置提供动能。

节能减排效益分析：

① 本装置对实验废水中的铜、锌、铬、硫化物、挥发酚等有很强的去除率。原料来源广泛，价格低廉，制备造价不高，因此具有很好的经济性。

② 环境工程学院一届学生数大约 260 人，相关实验有 12 个，共产生实验废水 $28m^3$，企业回收实验废水 25 元/kg，运费 600 元/趟，一学期 3 趟。

如果用该装置处理我校相关实验废水一学期可以节约费用：

$$28 \times 1000 \times 25 + 600 \times 3 = 701800 \text{ 元/学期}$$

本作品通过添加粒子对 PVDF 中空纤维膜进行改性，并用于实验废水的深度处理，可推广到各个高校，可以创造一定的经济效益和环境效益。

6.2.7 项目总结

项目通过设计一套深度处理实验废水的太阳能膜分离装置，在铸膜液中按一定顺序添加少量的光催化粒子 TiO_2 和 g-C_3N_4，采用干-湿纺丝法制备 PVDF 复合中空纤维膜。通过接触角、水通量、截留率等表征，确定制膜最佳工艺路线，制得的中空纤维膜经后处理后加工成浸没式膜组件并搭建膜分离装置，以廉价环保的太阳能为提供动力的能源，利用光催化-膜分离的协同效应高效处理经我院化学实验和相关老师科研中产生的实验废水。项目实施过程中涉及水污染控制工程、固废资源化、水质监测、膜分离技术、高分子材料、自动化程序、外观设计等多门课程的内容，构建模块化、集成式课程群，有机融合各个知识点，实现了学科的交叉和综合，益于 21 世纪所需的复合型人才的培养。

6.3 洗漱废水的处理与回用

6.3.1 项目背景

十九大报告提出实施国家节水行动，报告中指出必须坚持节约优先、保护优先、自然恢复为主的方针，形成节约资源和保护环境的空间格局、产业结构、生产方式、生活方式，还自然以宁静、和谐、美丽。推进资源全面节约和循环利用，实施国家节水行动，降低能耗、物耗，实现生产系统和生活系统循环衔接。

"十三五"以来，全国用水总量基本保持平稳，每年控制在 $6100 \times 10^8 m^3$ 以内。随着节水型社会建设全面推进，实施了大中型灌区续建配套节水改造，推动东北节水增粮、西北节水增效、华北节水压采、南方节水减排，"十三五"以来发展高效节水灌溉面积 6505 万亩。加强计划用水管理，实施高耗水行业技术改造、城镇供水管网改造，扩大非常规水源利用。开展 100 个国家级节水型社会试点建设和节水型企业、单位、居民小区建设，带动和引领各地区各行业节水。加强节水宣传教育，积极推广中水回用。

中水，即再生水，废水经过一定的技术处理可再用。中水回用不仅有助于改善当地的生存环境，而且有利于水的良性循环。在国外，小区中水回用工作起步较早，而且随着技术的革新与发展，水质逐渐提升，单位中水处理的成本也逐步降低。国内中水回用起步较晚，但起点较高，进展很快。北京、天津、青岛、枣庄等城市已相继建立一系列中水回用工程。2019 年 3 月 22 日为第二十七届世界节水日，在国务院新闻办举办的以"坚持节水优先，强化水资源管理"为主题的新闻发布会上再次强调中水回用的重要性。尤其应在人口集中、用水量大、环保意识强的高校率先推广。

近年来，随着各院校校区的扩大和师生人数的不断增加，包括师生的饮用、洗漱、淋浴以及冲厕等生活用水以及校园内道路、绿化及水景等在内的用水量逐年上涨，学校的自来水费开支也迅速增加，当地市政给水的供水压力也随之升高。多数学校并未建设污水处理及回用系统，校园污水直接排入市政污水管网，不仅造成了极大的水资源浪费，同时也增加了当地污水处理厂的处理负担，学校还得缴纳巨额的排污费。由于校园的生活污水主要是教学区和宿舍区产生的盥洗、淋浴以及冲厕废水，其水质组成相对简单且易于处理；同时由于高校人数较多且相对集中，因此其生活污水的水量较大，而且水量的变化特点十分显著，非常适合作为中水的原水进行再生利用，进而实现校园污水的资源最大化利用。在高校中实行中水回用，对于学校而言能产生巨大的经济效益（减少自来水水费和排污费用），对于城市而言可产生巨大的环境效益和社会效益。

6.3.2 任务一：中水回用技术

在全球水资源日益短缺的背景下，中水已逐渐被人们视为可重复利用的第二水源，中水回用也成为世界各国的研究重点。目前很多发达国家基本都制定并完善了中水回用的相关政策和法规，以更好地促进水资源的合理利用。通过长期的研究与探索，国外很多国家在中水回用方面已经积累了丰富的经验，同时也取得了可观的经济效益和环境效益。

美国作为世界上最早开始对污水进行再生与利用的国家，从 20 世纪 70 年代就开始对中水回用进行了系统的研究，并且大规模地建设了污水处理与回用工程。到目前为止，美国已有 362 个城市对污水进行了再生利用，污水回用项目多达 547 个。美国城镇污水回用已经进入大规模生产应用阶段，净化后的再生水被广泛地用于工业冷却、景观灌溉、消防以及地下水回灌等方面。据统计，目前美国的污水回用总量约为 3.8531Mm³/d，其中，回用于公共事业的水量为 0.1257Mm³/d，商业的水量为 0.0719Mm³/d，工业用水量为 0.4164Mm³/d，热能电力用水量为 0.3785Mm³/d，采矿用水量为 0.0530Mm³/d，灌溉用水量为 2.7176Mm³/d，其他用水量 0.09Mm³/d。

日本对中水回用技术的研究和建设也相对较早，截至 20 世纪 90 年代日本基本已经在全国范围内普及了废水的再生与回用。最初，主要针对人口相对集中的宾馆、机关、社区以及高校等场所，对其产生的生活污水进行收集与处理，处理后比较干净的水用于生活和城市杂用，随后逐渐发展为其最具代表性的中水道系统。目前，日本的中水回用系统主要分为闭路循环系统和区域循环系统两大类，闭路循环系统是单个建筑物的污水经处理后回用于本建筑；区域循环系统则是将由多个建筑组成的区域所排污水集中处理后，回用于该区域内的各项杂用水。

地处干旱缺水地区的以色列在中水回用方面也做出了大量的研究和实践，再生水已经成为该国重要的水资源之一，同时中水回用也被列为该国的一项基本国策。目前，以色列境内城市所有的生活污水都经管网收集，并全部进行二级以上处理，全国污水处理总量的 46% 的出水直接回用于灌溉，34% 回灌地下水，剩余 20% 排入河道，污水再生利用率高达 72%，堪称世界第一。

此外，俄罗斯、西欧、印度、南非等国家也普遍开展污水回用工程。

与国外相比，我国中水回用起步较晚。我国政府在 1985 年启动了国家水污染控制计划，随后，在天津、太原、西安以及泰安等许多城市发展了一系列的废水再生与回用的项目，这些项目也成了我国中水回用研究领域的先驱项目。后来，在国家科技攻关计划的指导下，又发起了三个包含中水回用的研究项目，即水污染防治与城市水资源化技术研究（1985—1990 年），废水净化与资源化技术研究（1991—1995 年）以及废水处理与工业关键技术研究（1996—2000 年）。在这些研究项目中所积累的宝贵经验以及获得的专业知识极大地促进了我国中水回用技术的发展。然而，公众对于中水的接受程度仍然很低，对废水进行再生与利用还受到管理方面以及资金保障的约束。2000 年以后，我国许多城市开始发展市政污水的再生利用系统，利用再生水来缓解城市日益增长的供水压力。同时，政府也给出了一系列的政策来促进废水的再生与回用，对一些废水再生利用项目或工程提供财政支持，这在很大程度上促进了我国在中水回用研究与应用领域的发展。此外，很多的资源也都被投入到与废水的资源化利用相关的研究之中。至此，废水的再生利用已经成为我国水环境管理的一项重要的策略。

根据建设部的统计，我国在 2008 年的污水回用总量为 $1.66 \times 10^9 \text{m}^3$，占全国污水处理总量的 8%。处理后的污水主要回用于农业灌溉（$0.48 \times 10^9 \text{m}^3$），娱乐以及景观用水（$0.56 \times 10^9 \text{m}^3$），城市杂用（$0.2 \times 10^9 \text{m}^3$），工业用水（$0.39 \times 10^9 \text{m}^3$）以及地下水回灌（$0.03 \times 10^9 \text{m}^3$）。毫无疑问，我国的污水再生利用率还很低，中水回用的提升空间仍然很大。

污水处理是中水回用系统的关键，需根据不同水源和回用目的，确定切实可行的技术工艺。目前，国内外常用中水回用处理技术为物理处理技术、化学处理技术和生物处理技术。

物理处理技术主要是利用物理的方法与原理来去除水中固体悬浮态的污染物。根据其实现手段的不同，分为重力沉降法、浮力浮上法、阻力截留法、离心力分离法、磁力分离法、吸附法以及膜分离法。其对应的处理构筑物为格栅、沉淀池、气浮池、滤池以及膜分离设备等。

化学处理技术是利用化学反应分离废水中的污染物，或者通过化学反应将其转换为无害物质的处理方法。包括混凝澄清法、中和法、化学沉淀法、氧化还原法以及化学消毒等。

生物处理技术是废水中的污染物在微生物的新陈代谢作用下被转化或者分离的水处理方法。根据是否需要氧气，可将废水的生物处理分为好氧生物处理和厌氧生物处理以及混合生物处理。此外，根据处理过程中微生物生长状态的不同，又可分为活性污泥法和生物膜法。

国外典型中水回用技术见图6-16～图6-18，我国常用的中水回用技术路线图见图6-19和图6-20。

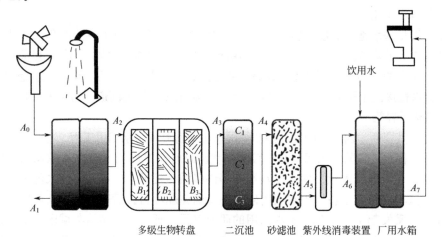

多级生物转盘　　　二沉池　砂滤池　紫外线消毒装置　厂用水箱

图 6-16　丹麦哥本哈根生活污水中水回用技术图

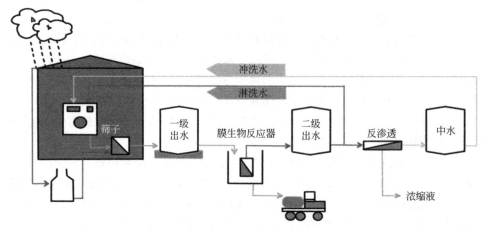

图 6-17　德国洗衣污水中水回用技术图

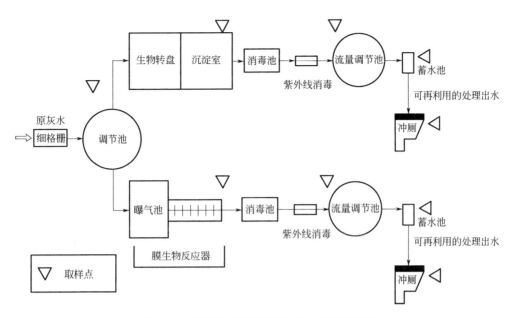

图 6-18　以色列小区生活污水中水回用技术图

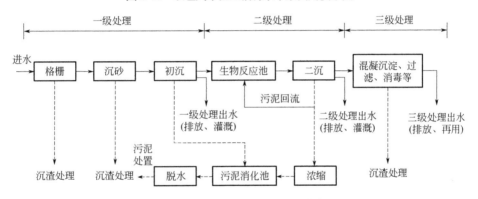

图 6-19　我国城市污水中水回用技术图

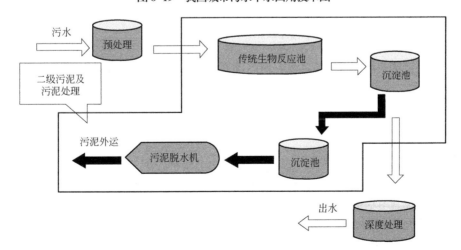

图 6-20　我国传统生物法处理流程图

在选择中水处理工艺时，应遵循以下设计原则：①采用的处理工艺先进可靠、技术成熟、处理效果良好，能够保证出水水质达到相应的回用水质标准；②采用的工艺占地面积尽可能小；③要选择经济的处理工艺，尽可能地降低工程造价，同时还要充分考虑工艺的电耗和药耗，降低运行管理的费用，能够达到节能减排的目的；④工艺操作简单，而且能够适应一定的水质、水量变化；⑤产生的剩余污泥量少，减少污泥处置的费用。

课后任务：查阅文献资料，阐述2种中水回用技术并进行对比。

6.3.3 任务二：校园水平衡计算

中水原水以校园生活污水为主，主要由职工宿舍、学生宿舍产生的盥洗、洗涤、淋浴以及冲厕排水；教学楼、办公楼、图书馆等产生的盥洗、冲厕排水；职工及学生食堂产生的洗涤、盥洗排水；校园内其他综合排水等四部分组成。

（1）校园用水量分析

校园内的用水主要包括两部分，即师生的生活用水和校园内的杂用水（绿化、道路浇洒等）。在没有实际统计数据时，这些用水量的确定需要根据《建筑给排水设计规范》（GB 50015—2019）中规定的综合生活用水定额和杂用水定额，同时结合学校的实际情况确定合适的用水定额来计算。

① 师生办公以及生活用水量计算。校园师生生活及工作用水量定额如表 6-5 所示。目前，在校师生共计 20000 余人。师生最高日用水量定额按 220L/（d·人）计，日平均用水按 120L/（d·人）计，则全校师生平均日生活用水量为 2400m³，最高日生活用水量为 4400m³。

调查研究结果表明，高校冲厕用水量占总水量的比例为 40%~50%。按 40%计，则校园内平均日冲厕用水量为 960m³，最高日冲厕用水量为 1760m³。

表 6-5　高校师生办公及生活用水量定额

用水项目	单位	最高日用水定额	小时变化系数	平均日用水定额
单身职工宿舍、学生宿舍	L/（d·人）	80~130	3.0~2.5	30~50
职工及学生食堂	L/（d·人）	20~25	1.5~1.2	15~20
教学楼、办公楼	L/（d·人）	40~50	1.5~1.2	30~40
其他用水	L/（d·人）	55	——	5
合计	L/（d·人）	195~260	——	约155

② 道路浇洒及绿化用水量计算。道路浇洒以及绿化用水的定额应当根据路面、气候、土壤等实际情况按表 6-6 确定。

表 6-6　道路浇洒及绿化用水定额

项目	用水定额 L/（m²·次）	浇洒次数（次/d）
道路浇洒和场地用水	1.0~1.5	2~3
绿化用水	1.5~2.0	1~2

a. 道路浇洒用水量。

校园道路浇洒用水定额春季取 1.3L/（m²·次），秋季取 1.0L/（m²·次），浇洒次数均取 2 次，冬季不浇洒。校园道路广场面积约为 110000m²，则春夏道路广场浇洒用水量为：

$$\frac{1.3 \times 2 \times 110000}{1000} = 286 m^3/d$$

秋季道路广场浇洒用水量为：

$$\frac{1.0 \times 2 \times 110000}{1000} = 220 \text{m}^3/\text{d}$$

b. 绿化用水量。

校园绿化用水定额春夏季取1.8L/（m²·次），秋季取1.5L/（m²·次），浇洒次数均取1次，冬季不浇洒。校园绿化面积约为500000m²，则春夏绿化用水量为：

$$\frac{1.8 \times 500000}{1000} = 900 \text{m}^3/\text{d}$$

秋季绿化用水量为：

$$\frac{1.5 \times 500000}{1000} = 750 \text{m}^3/\text{d}$$

③ 未预见用水量。

校园未预见用水量按全校师生日平均生活用水量10%进行计算，则日平均为2400×10%=240m³/d，最高为4400×10%=440m³/d。

（2）校园总的污水量和中水回用量

① 校园可收集污水总量。

校园内可收集的污水主要包括师生生活用水以及未预见的其他用水。其中，除冲厕用水外其他用水均有损耗。根据《建筑给排水设计规范》的规定，排污系数取0.8(损耗20%)，以全校师生日平均生活用水量计算，校园内收集到的污水总量为：

$$960 + (2400 - 960 + 240) \times 0.8 \approx 2300 \text{m}^3/\text{d}$$

可作为中水水源按90%计算：

$$2300 \times 0.9 = 2070 \text{m}^3/\text{d}$$

② 校园中水回用量。

根据回用规划，经过处理后的污水主要用于校园道路浇洒、绿化及冲厕用水。根据前面的分析，不同季节中水回用量为：春夏两季：960+900+286=2146m³/d，秋季：960+750+220=1930m³/d，冬季960m³/d。

春夏两季，实际中水需要量为：960+286+900=2146m³/d，需用自来水补充：2146-2070=76m³，水量平衡如图6-21所示。

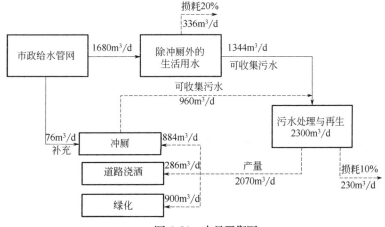

图6-21 水量平衡图

课后任务：遵循水量平衡规划，参考上述方法绘制校园秋季和冬季的水量平衡图。

6.3.4 任务三：项目设计

针对目前国内中水回用技术中占地面积大、建设成本高、易产生二次污染等问题，本项目基于石笼坝、生物质炭、PVDF 复合膜的三元协同效应，搭建一体式模块化中水回用装置。石笼坝和生物质炭均为废弃物改性制得，作为初级处理单元，添加改性粒子通过流延法制备通量高、抗污染性强的 PVDF 复合膜作为深度处理单元。项目充分耦合各单元的作用机理和处理效率，并设计预警系统对出水水质实现远程可控、可反馈，经济高效地将生活污水处理为回用水，实现水资源的循环利用。项目选取环保意识高、生活污水产生量大、成分相对单一的高校试行，将宿舍洗漱废水处理为冲厕水，不仅实现环境效益和经济效益的统一，还具有很强的示范作用。项目设计思路见图 6-22。

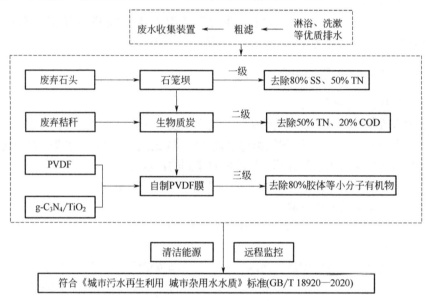

图 6-22　项目设计思路图

课后任务：查阅文献资料了解石笼坝和生物质炭在水处理中的应用。理解本项目中洗漱废水回用的设计思路和核心技术，并与传统中水回用进行比较。

6.3.5 任务四：PVDF 平板膜制备及表征

知识链接：相转化法制膜

（1）相转化法制膜基本原理

所谓相转化法制膜，就是配制一定组成的均相聚合物溶液，通过一定的物理方法使溶液在周围环境中进行溶剂和非溶剂的传质交换，改变溶液的热力学状态，使其从均相的聚合物溶液发生相分离，转变成一个三维大分子网络式的凝胶结构，最终固化成膜。

相转化制膜法根据改变溶液热力学状态的物理方法的不同，可以分为以下几种：溶剂蒸发相转化法、热诱导相转化法、气相沉淀相转变法和溶液相转化法。

溶液相转化法也称浸入凝胶相转化法。在以上几种相转化法中，溶液相转化法制备工艺简单，并且具有更多的工艺可变性，能够根据膜的应用更好的调节膜的结构和性能，于是成为制备微孔膜的主要方法。

溶液相转化法制膜过程至少包含3种物质，即聚合物、溶剂和非溶剂，成膜过程分为两个阶段。

第一阶段：分相过程，当铸膜液浸入凝固浴后，溶剂和非溶剂将通过液膜/凝固浴界面进行相互扩散，溶剂和非溶剂之间的交换达到一定程度，此时铸膜液变成热力学不稳定体系，于是导致铸膜液发生相分离。这一阶段是决定膜孔结构的关键步骤，研究的内容有制膜体系的热力学性质以及传质动力学。

第二阶段：相转化过程，制膜液体系分相后，溶剂、非溶剂进一步交换，发生了膜孔的凝聚、相间流动以及聚合物富相固化成膜。这一阶段对最终聚合物膜的结构形态影响很大，但不是成孔的主要因素，研究的内容主要是分相后到膜溶液相转化过程中的结构控制及其性能研究的固化这一过程，也称为凝胶动力学过程，相对于第一阶段的热力学描述和传质动力学研究，凝胶动力学研究的比较少。

（2）溶液相转化法制膜原理

溶液相转化法所制备的聚合物膜通常由表层和多孔底层两部分组成，表层的结构有致密和多孔两种，而不同的表层结构将影响膜的多孔底层的结构形态。

在制备聚合物膜的过程中，非对称膜结构的形成主要受控于铸膜液的热力学特性和其在凝胶浴中的动力学传递过程。在相分离过程中，聚合物富相形成膜的主体结构，而聚合物贫相将形成膜孔。新形成的膜结构并不稳定，通过固化过程后形成稳定的多孔结构。在凝胶浴中的相转化成膜一般分为铸膜液均相区、液-液两相区、液-固两相区和固相区，主要涉及到液液分相、凝胶化和液固分相这三个环节（图6-23）。

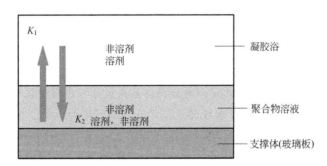

图6-23　相转化法原理图

① 液液分相。聚合物溶液的液液分相是溶液相转化法制膜的基础。在溶液相转化法制膜过程中，当铸膜液浸入凝胶浴后，溶剂和非溶剂将通过液膜/凝固浴界面进行相互扩散，随着聚合物溶液中非溶剂含量的不断增加，并到达相应组成时，体系原有的热力学平衡将被打破，并将自发地进行液液分相，形成贫聚合物相（贫相）和富聚合物相（富相）。

从膜液浸入凝胶浴开始到膜液发生液-液相分离的这段时间称为延迟相分离时间。它是影响膜初始结构的一个重要参数。根据延迟相分离时间的大小可以把相变过程分为延时相分离和瞬时相分离。瞬时相分离通常得到较薄皮层和多孔结构的非对称膜，延时相分离常得到较厚致密的皮层和海绵状亚层结构。而在上述两种不同的膜结构形态中，膜表层的厚度则取决于所有的制膜参数。

a. 瞬时液液分相。在铸膜液浸入凝胶浴瞬间（$t < 1s$），薄膜表层以下的组成迅速进入

到液液分相区，发生液液分相——瞬时分相。

b. 延时液液分相。在铸膜液浸入凝胶浴瞬间（$t > 1s$），薄膜表层以下的组成均未进入分相区域，仍处于互溶均相状态，未发生液液分相，需再经过一定时间（几秒钟）的物质交换，才能进入液液分相状态——延时分相。

② 凝胶化。铸膜液分相后，由于传质交换继续进行，当聚合物富相的黏度足够大时，高分子的迁移能力下降，以致膜结构被冻结。

将膜液分相开始至分相结束这段时间定义为凝胶时间。它是影响膜最终结构的一个重要参数。形成的初始结构在凝胶时间内通过凝胶过程固化成稳定的膜结构。尽管浸入凝胶过程本质是一个复杂的过程，如多元扩散、移动边界问题、扩散系数是浓度的函数等，膜内介质的传递仍受扩散控制。关于凝胶速度与膜结构的关系得出的普遍结论是：快速凝胶导致指状孔结构膜的生成，慢速凝胶生成海绵状结构的膜。

总之，体系通过不同分相机制得到不同的结构（成膜第一阶段），从而会对膜结构产生一定的影响。而分相后到膜结构被"冻结"这段时间内，相分离后的结构粗化（成膜第二阶段），也使得体系失去相分离初期形成的结构。但是对于溶液相转化法制膜，粗化现象的研究文献中尚很少涉及。

③ 液固分相。延迟相分离时间和凝胶时间是两个宏观的时间参数，成膜过程实际上就是膜液分相速率与膜液凝胶速率相互竞争的过程。如果体系的凝胶化在液液相分离之前发生，就会发生液固分相，最终将形成致密的无孔膜。

凝胶化对结晶性聚合物成膜过程起到非常重要的作用，对于无定形聚合物而言，凝胶化相转变不是很重要。对于无定形聚合物溶液成膜过程来说，体系因为物理交联作用而发生凝胶化。这种物理交联作用可能来源于缔合作用，可能由以下原因引起：a. 组分间相互作用：由于溶液中各组分间的特殊相互作用（如氢键、偶极作用等）而发生的组分间的缔合；b. 体系溶解能力：由于体系的组成到达液液分相区附近时，因为聚合物浓度的提高和体系溶解能力的下降使得聚合物链段之间产生特殊的相互作用，从而发生聚合物链段的缔合；c. 非溶剂诱导作用：在许多无定形聚合物体系成膜过程中凝胶化通常包括溶胶-凝胶转化，当溶液凝胶化时发生溶胶-凝胶转变，加入非溶剂对多相聚合物键合的形成具有诱导作用，在低聚合物浓度下便能发生凝胶化反应。

（3）结晶性聚合物膜结构的影响

结晶性聚合物溶液相转化成膜的分相除了液液分相外，还存在液固分相，于是液液和液固分相的竞争，使分相存在三种方式，对应于不同的膜结构形态。

① 铸膜液浓度的影响。随溶液浓度的增加，膜的形态发生了很大变化，由液液分相特征的海绵状（大孔状）结构向液固分相为主的晶粒结构转变，海绵状结构中的孔是由贫聚合物相成核生长的，晶粒状结构中孔是晶粒之间的孔隙。膜的形态发生这样的变化主要是由于随聚合物浓度的增加，铸膜液中存在越来越多的预结晶聚集体，当这样的铸膜液与凝胶浴一接触，液固分相优先于液液分相发生，即体系发生延时分相。这也说明低聚合物浓度时，体系容易发生液液分相。

在液膜刚浸入凝固浴时，如果液膜中的溶剂大量浸入凝固浴中，液膜中溶剂损失很大，速度很快，而此时非溶剂扩散进液膜的量相对很小，这就意味着在膜/凝固浴界面处的聚合物浓度增加了，此处的体系组成浸入了凝胶区，生成致密的表面凝胶层。

② 铸膜液温度的影响。随着温度的升高，结晶线向聚合物/非溶剂轴移动，在温度升

高到一定值以后，结晶线能进入液液分相区。随温度升高，一方面占优势的液固分相逐渐变弱，体系越来越倾向于液液分相，要发生液固分相（结晶化），就需要更多的聚合物和非溶剂；另一方面，分相之后，由于温度高导致分相后体系的凝胶固化过程时间延长，有利于膜亚层中孔的并聚，形成大孔结构。

③ 铸膜液组成的影响。在结晶性聚合物的铸膜液体系中加入非溶剂，这个过程与提高聚合物浓度和降低温度的效果是一样的，使体系倾向于发生结晶液固分相（延时分相），最后得到由结晶凝胶而固化的具有晶粒状的膜结构。

第二个制膜液不是真正的溶液，由于非溶剂水的存在使得含有一些预晶核聚集体，轻微的浓度变化可以使得结晶立即发生，生成数量多、体积小的微小晶粒紧密堆积的结构。当这种溶液与凝固浴一接触，铸膜液中预晶核瞬间成核，生成很多微晶，并且沉淀过程中表面的聚合物浓度比膜内部要高很多，表面上成核密度更高，电镜观察涂覆膜表面呈现出无孔结构。

不同铸膜液的分相速率变化，成膜机理和膜断面形貌见图6-24～图6-26。

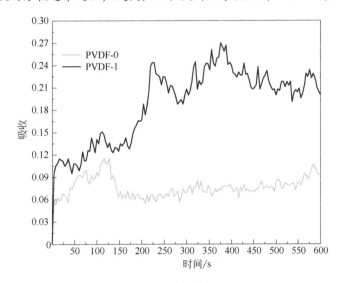

图6-24　分相速率图

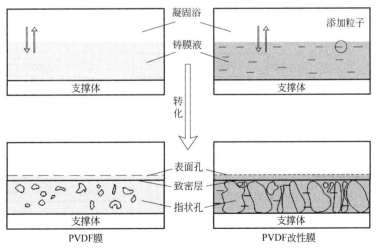

图6-25　分相成膜机理图

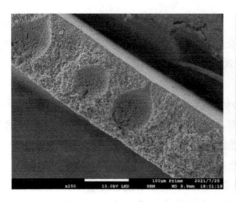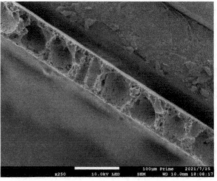

图 6-26 膜断面形貌图

（1）PVDF 复合膜制备

本任务中将氧化钛经石墨相氮化碳修饰使具备优异的光催化性和亲水性，进而制得抗污染性能和分离性能优良的 PVDF 复合膜。将光催化-膜分离技术有机融合，有效缓解膜污染问题的同时提高了处理效率，进一步扩宽了膜分离技术的应用，尤其可以高效、经济、节能地对污水进行深度处理，使水质达到回用水标准，实现水的资源化，推进我国节水型社会的建设。本任务中的膜改性设计思路见图 6-27。

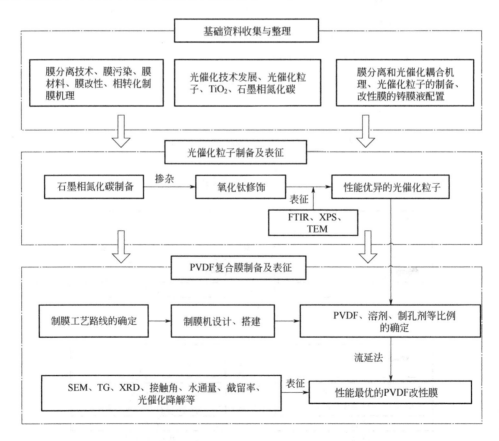

图 6-27 PVDF 改性膜设计思路图

本任务具体制膜步骤为：实验室将聚偏氟乙烯（PVDF）和要添加的 TiO₂ 和 g-C₃N₄ 粒子提前放入烘箱内，处于干燥状态，防止在实验室受潮。取 0.6g PEG-20000 加入到 21mL 的 DMF 中，放入恒温加热磁力搅拌器中，温度设为 50℃，等 PEG-20000 完全溶解后（搅拌 10min 左右）加入 3g 聚偏氟乙烯（PVDF）、同时加入 2～3 滴硅烷偶联剂，待聚偏氟乙烯（PVDF）完全溶解（30min 左右）再加入改性粒子 TiO₂（0.75g）和 g-C₃N₄（0.25g），再搅拌 3～4h，得到透明均质铸膜液，静置脱泡 5h。将铸膜液倒在玻璃板上（玻璃板两边分别贴有 5 层厚的透明胶带，以保证推出来的膜厚度均匀），用玻璃棒将其推平（没有刮膜刀），放入到去离子水中浸泡 24h，晾干，放到自封袋贴好标签，备用。推得的膜片再经过后处理，制得衬板式组件，以方便使用。制备流程见图 6-28。

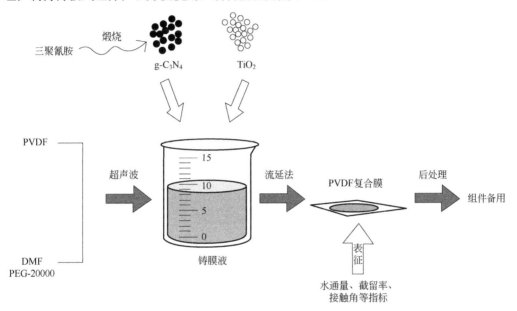

图 6-28　复合 PVDF 膜的制备流程图

（2）PVDF 复合膜表征

SEM、TG、FTIR、XRD 等微观表征参考仪器分析参考书，本任务主要了解水通量、孔隙率和截留率的测定。

① 水通量。实验前准备：将制备好的 PVDF 完整膜剪成大小适中的能够盖住整个橡胶圈的圆形膜；然后连接整个装置，先将超滤杯打开，把密封垫放在底座上，并和底座对齐，将剪好的膜放在密封垫上，并将膜中心正对密封垫中心，将超滤杯放在底座上，用卡箍固定好；将进气管一头连接在超滤杯上部，另一头连接在氮气瓶出口，必须连接紧密，确保不会漏气；注意检查氮气瓶的管路连接，查看压力表工作状态是否正常；用量筒量取一定量水倒入超滤杯中，几分钟之后，观察是否有水从杯口或杯的外延流出。若没有，则可正式开始测试；若有，则需要检查卡箍是否拧紧或是膜本身是否破损。

具体操作步骤为：

首先开启氮气阀门开始进气，一开始要开小点，防止气压瞬间变大顶破膜。由于改性膜的水通量只在 0.04～0.1MPa 范围内呈线性增长，超过 0.1MPa 时水通量缓慢增长。反复试验之后，根据自制膜的实际情况，压力调整为 0.05MPa 与 0.1MPa。等到气压稳定后，开始计时，计时时间为 2 分钟，2 分钟之后，计时停止，取出量筒读数，记录数据，然后拆除超滤杯，换另一张膜重复上述步骤。水通量计算公式见式（6-7），测试装置见图 6-29。

$$J_w=\frac{V}{A \times t} \tag{6-7}$$

式中　V——一定时间内过滤纯水体积，L；

　　　A——有效膜面积，m^2，本实验中分离膜的有效面积为 $50cm^2$；

　　　t——过滤时间，s；

　　　J_w——纯水膜通量，$L/(m^2 \cdot h)$。

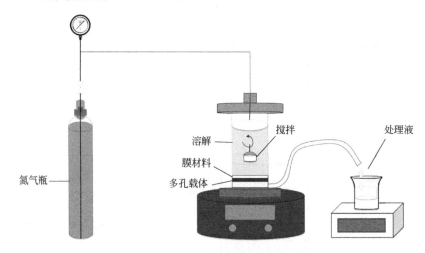

图 6-29　水通量测试装置

② 膜孔隙率。具体实验步骤如下：将添加了不同含量改性粒子的膜剪成大小适当的样品，并置于去离子水中浸泡12h，取出后吸干表面水分，在电子天平上称其湿重并记录；然后将称量过的膜放在标记好的滤纸上，置于 40℃ 的烘箱中烘至恒重，将膜放在电子天平上再次称重并记录。计算公式见式（6-8）。

$$\varepsilon=\frac{(m_{湿}-m_{干})}{m_{湿}} \times 100\% \tag{6-8}$$

式中　$m_{湿}$——湿膜质量，g；

　　　$m_{干}$——干膜质量，g；

　　　ε——孔隙率，%。

受限于测试方法，一般测定的"孔隙率"中的"孔隙"，并非指的是"通孔孔隙"。这里的孔隙率可以作为一个参考，并可以跟 SEM 断面的表征图作对比研究，进一步分析。

③ 截留率。可以利用通量测试装置按项目一中截留率测试方法，计算膜分离的截留率。

课后任务：四位同学为一组，制备空白膜和改性膜，并进行水通量、孔隙率、截留率的测试实验。

6.3.6　任务五：膜分离装置搭建及运行

本任务将石笼坝、生物质炭、膜分离装置串联，充分耦合各级作用机理和处理效果，搭建并运行石笼坝-生物质炭-膜分离三元协同的中水回用装置，设计图见图6-30。将废弃物制得的石笼坝、生物质炭作为一、二级处理单元，可有效去除污水中80% SS和50% TN，以废治废；终端串联的膜分离单元可高效去除80%胶体和有机污染物，使出水达到回用水标准，其串联作用机理见图6-31。

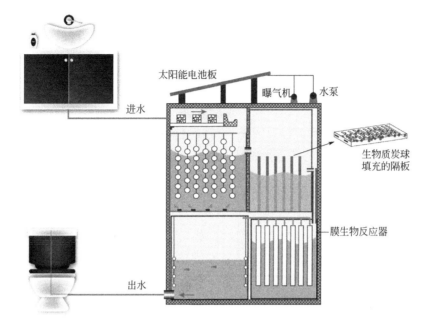

图6-30 一体式中水回用装置设计图

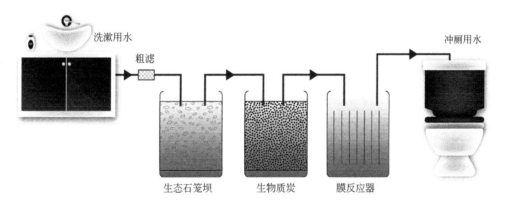

图6-31 石笼坝-生物质炭-膜反应器串联工作机理

本装置有石笼坝单元、生物填料球单元、生物质炭单元、膜分离装置单元以及储水单元等五个缸体，各单元采用卡扣，均可按照实际需求进行灵活拆装组合。具体部件见图6-32。

（1）搭建步骤

洗漱废水蓄水箱、石笼坝、生物质炭箱体、一级储水箱、g-C$_3$N$_4$/TiO$_2$/PVDF复合膜、二级储水箱、水泵和冲厕水箱顺序连接，逐级高效处理洗漱废水。装置设计的虹吸装置可使经过生物质炭吸附后的废水自动流入膜分离箱体，二级储水箱控制废水处理速度，避免溢流。装置的动力均来自于清洁绿色的太阳能。处理水量的大小可通过调节阀开启的数量来进行适当调节，定时对膜进行清洗、更换，来保证膜的水通量。搭建后的实物图见图6-33。

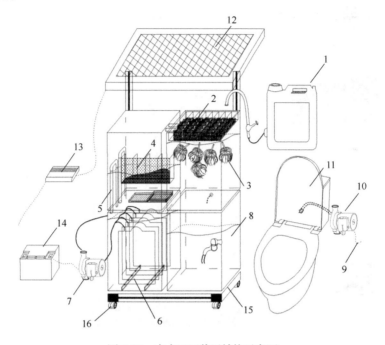

图 6-32　中水回用装置结构示意图

1—废水蓄水箱；2—石笼坝；3—生物填料球；4—生物质炭盒；5—虹吸装置；

6—g-C₃N₄/TiO₂/PVDF 复合膜；7—第一水泵；8—二级储水箱；9—软管；10—第二水泵；

11—冲厕水箱；12—太阳能板；13—电转换器；14—蓄电池；15—底座；16—万向轮

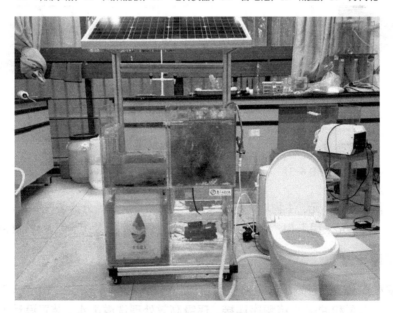

图 6-33　中水回用装置实物图

（2）运行过程

废水由洗漱废水蓄水箱引入到石笼坝箱体，绕流石笼坝，去除污水中常见茶渣、头发丝等大颗粒杂物，在附着生物膜处可有效去除 SS 和氨氮；通过隔板空隙流入下层箱体，短暂停留，由生物填料球处理，再通过生物填料球箱体的溢流口流入生物质炭箱体，在生物质炭箱体中进一步去除总氮及 COD；接着通过虹吸装置自动进入膜分离箱体，由 g-C$_3$N$_4$/TiO$_2$/PVDF 复合膜进行深度处理，达到回用水标准；最后由水泵连接导水管导入右下方二级储水箱，以便将水泵和冲厕水箱用软管串联，进行回用水利用。

整套装置根据进水水质可模块化组合，将洗漱废水处理为回用水，用于冲厕、洗车、浇灌等，装置以清洁无污染的太阳能为动力来源，降低使用成本，实现环境效益和经济效益的统一。相关组合工艺的处理效果见表 6-7。

表 6-7　组合工艺处理效果

参数	石笼坝+膜	生物质炭+膜	石笼坝+生物质炭+膜
pH 值	10	5	6.7
色度/度	10	5	5
浊度/NTU	582.5	421	0
悬浮物/（mg/L）	28	25	24
溶解性固体/（mg/L）	100	90	75
总氮/（mg/L）	3.3	3.0	2.8
总磷/（mg/L）	0.20	0.19	0.14
氨氮/（mg/L）	0.33	0.23	0.23
COD/（mg/L）	285	236	180
阴离子表面活性剂/（mg/L）	0.22	0.19	0.1

课后任务：查阅文献资料了解生物质炭相关内容；四位同学一组搭建并运行装置，选取 3 个水质因子进行监测分析。

（3）效益分析

该中水回用装置以自制新型 PVDF 复合膜为核心处理单元，创新地与石笼坝、生物质炭联用，将洗漱废水处理为回用水，突破传统的絮凝、沉淀、活性污泥等中水回用技术导致的占地大、使用成本高、产生二次污染等缺点。装置配有水质预警系统，不仅实现对水质的远程可控，还为最佳运行参数的确立提供有力依据，实现经济效益和环境效益的统一。

节能减排效益分析如下。

① 废弃秸秆、废旧材料最大限度实现资源循环利用，对弥补我国的资源缺乏具有一定的意义。

② 对洗漱废水的处理既减少了污水的排放，又改善了生态环境，产生生态与经济效益，缓减城市污水处理压力。

③ 装置首先在高校试行，我国共有 1500 余所各级各类高校，在校学生 4000 余万人，每天产生的洗漱污水 128000 余万升，每天的冲厕用水 160000 余万升，具有巨大市场空间。

装置无需土建，一次性投入少，动力来源为太阳能、风能等清洁无污染能源，也无药剂等使用成本，处理费用为 0.47 元/吨，比传统费用降低 17%。同时装置占地面积仅占传统方法的 58.5%，一次性投入减少 50%，且无危废排放，传统方法处理 1 万吨废水排放 1～1.2 吨干污泥，本装置环境效益凸显。同时本装置拥有膜自动清洗设施，可定期对膜片进行替换清洗，使用过程中几乎无后续费用，经济效益可观。

以我校学生宿舍一层楼共用一套设备为例：一层楼 26 间宿舍，一间宿舍 6 人，每人每天用水量 60L，则

一层楼用水量：26×6×60=9360L=9.36m³

可回用的水：9.36×80%≈7.5m³

成本核算：装置投入为 11000 元/套

膜清洗：6 个月一次，150×6=900 元/半年

膜更换：5 年更换 20%，1320 元

非太阳能补充电费： 500 元/年

以五年为一个周期计算经济收益

总投入（5 年计）：11000+1320+2500+900×10=23820 元

收入：7.5×3.9×200×5=29250 元

利润：29250−23820=5430 元

全校有 120 层，总计：5430×120=65.16 万元

6.3.7　项目总结

随着全球水资源的严重短缺，中水回用势在必行。高校一直是中水回用技术推广的重要试点，而洗漱废水则是高校生活污水的重要组成部分。本项目针对传统中水回用技术占地面积大、投资成本高、易造成二次污染等缺陷，搭建石笼坝-生物质炭-膜分离三元协同的中水回用装置，并率先在高校试行。其核心处理单元中的 PVDF 复合膜为添加一定 g-C₃N₄ 和 TiO₂ 制得，水通量、抗污染性和处理效率均较空白 PVDF 膜有较大提高。由废弃物制得的石笼坝、生物质炭作为项目一、二级处理单元，可有效去除污水中 80%SS 和 50% TN，以废治废；终端串联的膜分离单元可高效去除 80%胶体和有机污染物，使出水达到回用水标准。在各任务模块学习过程中以理实一体形式进行，不仅使环境工程专业的学生专业知识有更深入透彻的理解，同时对相转化机理、远程控制技术、单片机、外观设计、效益分析等相关内容有一定了解。尤其在本节任务五学习过程中，学生通过参与装置的设计、搭建、运行和完善，促使学生"科学探究与创新意识"素养的培养与落地，在培养创新型、应用型高素质人才方面具有显著特色。本项目在整个教学过程中贯穿以废治废、资源循环利用、勤俭治校等思政元素，有助于当今大学生树立正确的价值观和道德观。

6.4　洗衣废水的处理与回用

6.4.1　项目背景

随着我国经济的发展和人民生活水平的日益提高，作为规模化的、专门面向个人、学

校、宾馆、企业等提供服装、家居用品洗涤服务的洗衣店或洗衣公司大批涌现。洗衣行业是耗水耗能大户，而行业的节能节水措施却十分匮乏，洗衣废水基本是直接排放，导致水资源的大量浪费和污染物的超标排放等环境问题。在节能减排的宏观环境下，洗涤行业要想加速扩大发展，还应符合国家节水的总体目标和趋势，加强节能减排意识，采取减排的相应措施，走可持续发展的道路。

当前，全国600多座城市中，已有400多个城市存在供水不足问题，其中比较严重的缺水城市达110个，全国城市缺水总量达$60 \times 10^8 m^3$。80%以上的地表水、地下水被污染，基本清洁的城市只有3%。而中水作为城市用水的第二水源，是污水资源化的重要措施之一，具有开源节流与环境保护的综合效益。

作为用水大户的高校，近年来，据统计数据来看，高校学生的人均用水量少则为200～300L/（p·d），多则可达600～700L/（p·d），高校的生活用水量增长迅速。如将高校的生活污水（洗衣、洗浴废水等）经收集、处理后，补充洗衣、冲厕、浇洒道路、绿化、水景、洗车等用水，可节省用水量60%～70%，减少废水排水量45%～55%，节水空间巨大。其中高校洗衣房产生的洗衣废水含有大量阴离子表面活性剂，其中的直链烷基苯磺酸钠（LAS）在我国环境标准中属于第二类污染物质。LAS对洗涤废水的物化及生化特性影响严重，会阻碍其他有毒物质的降解，在水处理的曝气系统中，会使传氧系数变低。在水体中光热氧化分解会使溶解氧含量明显降低，并增加水中的COD和BOD含量，并伴有大量泡沫生成，使水体的自净和人工净化更加困难，致使水体严重缺氧，甚至腐败发臭。所以，排入城市污水处理厂的洗涤废水达到一定浓度时，就会干扰曝气、沉降、污泥硝化等很多处理工序的正常运转。如今，高校洗衣店的洗衣废水都是直接排入市政管网，LAS的超标排放会给后期市政污水的处理带来很大困难。《污水综合排放标准》（GB 8978—1996）中规定LAS的排放浓度一级标准不高于5mg/L，二级标准不高于10mg/L。表面活性剂也是造成水体富营养化的主因，洗涤剂配方中的助剂，一般为磷酸、碳酸、硫酸、硅酸、硼酸或类似酸的钠盐，其具有缓冲作用和增加悬浮、分散以及乳化污垢的能力，但容易引起水体富营养化。目前，高校普遍缺少便捷、经济、高效的洗衣废水处理装置设施。同时校园杂用水又消耗大量自来水，造成资源浪费，因此，洗衣房废水回用技术在高等院校的应用与推广势必成为重要的节水途径，将产生巨大经济效益和环保效益，有利于绿色校园的创建。

将洗衣废水深度处理后进行再利用可大幅度降低污水的排放量，甚至接近零排放，是实现废水资源化、缓解水资源不足的重要途径，具有重要的社会效益和经济效益。研究洗衣废水处理和再利用的工艺系统在水资源日益短缺的今天显得尤为关键。我国对洗衣废水的处理虽然有些研究，但不是很成熟，也没有在洗衣行业中得到大规模的实际应用。然而，国外发达国家在20多年前就对洗衣废水回用技术进行了研究，并发明了洗衣废水回用设备，现在这些发达国家的该项技术已非常成熟可靠，污水回用率达40%～80%。日本、美国等国家都采用膜分离或MBR技术实现了洗衣废水的循环利用。

本项目在对我校宿舍洗衣房废水成分、排放量等调研的基础上，搭建以抗污染性强、处理效能高且具有抗菌性的载银PVDF膜为核心处理单元的智能化中水回用装置，将生物-膜分离-光催化有机耦合，并设计智能化分质处理系统，实现洗衣废水的安全回用。装置融合智能化、模块化理念，以太阳能为动力来源，实现洗衣废水的资源化在高校试行，助推我国节水型社会和无废城市的建设。

6.4.2 任务一：洗衣废水产生量及特性

洗涤行业是一种伴随纺织行业发展起来的服务性行业。随着人民生活水平的提高，人们更多地选择专业洗染，对专业洗涤服务的需求数量和质量要求也越来越高，促使洗染业得到快速发展。洗衣市场总体分为三个层面：一是社区服务，主要指街道洗衣店，直接服务于老百姓；二是功能性洗涤，如宾馆、饭店、铁路、医院、民航、部队等大的企事业单位后勤洗涤；三是纺织品的小批量染色、改色、砂洗、织补、化工产品的生产等。

以南京市的洗涤行业为例，南京十城区（含溧水、六合、高淳三县）客衣洗涤（即为普通消费者服务的洗染店）1000 多家，其中大型的 50 多家、中型 300 余家、小型1000 多家，年产值 6 亿多元，从业人员达到 2.5 万人。国有企业 12 家，其余均为私营个体企业；公共纺织品洗涤（即为宾馆、饭店服务的布草洗涤工厂）60 多家、个体企业 25 家、合资企业 2 家，年产值 2 亿多元，包括数百家小作坊在内，从业人员近万人。据南京洗染行业协会掌握的资料分析，企业的连锁规模每年大约以 10% 的速度增长。

2015 年洗染行业营业收入（不含洗涤设备制造业）998.24 亿元，2016 年营收 1047.06亿元，增长 4.9%，首破千亿大关。根据商务部《"十三五"期间进一步发展洗染业的指导意见》，指出，力争使洗染业营业收入年均增长 23% 以上，到 2025 年突破 6000 亿元，行业结构逐步优化，推动更多相关企业向家庭生活服务商角色转变，形成一批管理标准化、规范化、竞争力强的全国性品牌洗染企业。随着我国经济的发展和国民生活水平的提高，对专业洗染需求的增加和规模的扩大化是必然趋势。

虽然洗涤行业靠市场激烈的自由竞争取得了爆炸式发展，但由于处于发展初期，距发达国家仍有较大差距。行业中还存在着很多问题：国家及行业的相关政策、标准相对滞后，环境监测机构不健全，缺少洗衣店的营业要求、环境保护职责、服务规范等一系列相关标准；企业管理不规范，设备落后，从业人员技术不过关等。洗涤行业是耗水耗能大户，而行业的节能节水措施却十分匮乏，洗涤废水基本是直接排放，由于缺乏政策和资金的长期支持，洗涤行业节能减排没有得到足够的重视，这些都直接或间接地造成了洗涤行业资源的大量浪费，污染物的超标排放等现象。

本任务需对我国洗衣店的废水和污染物产生量进行估算。根据每日洗涤量和厂房面积，洗染店通常可分为大型、中型、小型、标准型四类。按照每天工作 10h，不同标准的洗衣店根据其洗涤量，其设备配备状况见表 6-8，洗涤设备参数见表 6-9。

表 6-8　洗衣店洗涤规模和设备配备状况

类型	洗衣机/洗脱机		干洗机		烘干机		熨平机	
	型号	台数	型号	台数	型号	台数	型号	台数
大型	100kg	3	15kg	5	100kg	2	30 三滚	2
	50kg	1						
			10kg	5	50kg	1		
	30kg	1						

类型	洗衣机/洗脱机		干洗机		烘干机		熨平机	
	型号	台数	型号	台数	型号	台数	型号	台数
中型	100kg	2	15kg	3	100kg	1	28 双滚	1
	50kg	1	10kg	3	50kg	1		
小型	50kg	2	10kg	3	30kg	2	28 单滚	1
标准型	15kg	1	10kg	1	50kg	1	28 单滚	1

表 6-9　洗涤设备耗水耗电参数

类型	耗水/(次·kg)	耗电/(次·kW)	耗气/(次·kg)
15kg 洗衣机	600	1	1.3
30kg 洗脱机	1000	1.5	20
50kg 洗脱机	1200	2.1	30
100kg 洗脱机	1800	3.2	50
10kg 干洗机	—	2	10
15kg 干洗机	—	2.2	15
30kg 烘干机	—	0.75	50
50kg 烘干机	—	1.1	75
100kg 烘干机	—	4.4	130
28 单滚熨平机	—	0.75	135
28 双滚熨平机	—	1.5	250
30 三滚熨平机	—	2.2	365

　　根据对洗涤行业规模的调查和分析，以我国省级二线城市为例，至少应有大型洗衣厂10家，中型洗衣厂50家，小型洗衣厂200家，标准洗衣店3000家以上。根据以上的设备配备状况，我们可以估算一个省级二线城市洗涤行业的耗水量。

　　考虑干洗机中只有冷却耗水，而且可以循环使用，耗水量较小，所以此处水耗只计算水洗机和洗脱机的洗涤耗水。假设洗衣店每车每天洗涤11次，每次45min。可计算出各种类型洗衣店每年的耗水量为：

　　标准型洗衣店：0.6t/车×1 车×11 次×360 天=2376t

　　小型洗衣店：1.2t/车×2 车×11 次×360 天=9504t

　　中型洗衣店：[1.8t/车×2 车+1.2t/车×1 车]×11 次×360 天=19008t

　　大型洗衣店：[1.8t/车×3 车+1.2t/车×1 车+1t/车×1 车]×11 次×360 天=30096t

　　根据以上计算，一个二线城市洗染业每年的总耗水量为：

$$2376 \times 3000 + 9504 \times 200 + 19008 \times 50 + 30096 \times 10 = 10280160t$$

根据目前的调研情况，洗涤行业的废水基本上是没有处理而直接排放的，也就是说，洗涤行业基本是耗水量等于废水排放量。洗涤废水中含有多种会给环境带来严重污染的有害物质。洗涤废水中含有的表面活性剂成分排放到水体中，会给水生动植物带来严重危害，尤其是 LAS，与重金属汞并列为对鱼类危害最大的毒性物质，属于我国环境标准中第二类污染物质。将含合成洗涤剂的废水用于农田灌溉，会造成对农作物的污染和毒害，如经过皮肤接触进入人体，使人体患病。另外含合成洗涤剂的废水在进入水体后易产生大量泡沫覆盖水面，阻断了水体与空气中的氧气接触，降低水中溶解氧含量，严重的话会造成"水华"现象，使水体变臭腐败，丧失自净能力。

此外，洗涤剂配方中添加的助剂，一般为磷酸、碳酸、硫酸、硅酸、硼酸或类似酸的钠盐，具有缓冲作用和增加悬浮、分散以及乳化污垢的能力，但磷是水体的营养物质，这些磷酸盐排放到湖泊及河流中以后，就成为水生植物的肥料，因而加速了水体富营养化，使水质恶化。

经过数据搜集整理，洗涤废水中污染物浓度情况见表 6-10。

表 6-10　洗涤废水中污染物浓度汇总及平均浓度

洗涤废水	指标						
	COD_{Cr} / (mg/L)	BOD_5 / (mg/L)	LAS / (mg/L)	SS / (mg/L)	总磷 / (mg/L)	pH 值	$NH_3\text{-}N$ / (mg/L)
A	50~350	——	30~50	50~100	——	8~10	——
B	137.09~540	——	9.05~86.96	26~66.5	0.1~0.93	7.85~10.55	——
C	196~489.24	——	17.27~51.56	——	2.95~13.2	6.9~9.82	——
D	37.2~520	13.09~177	1.99~78.9	15~496	0.3~7.9	8.5~12.51	——
E	287	——	3.7	——	——	8.3	——
F	100~200	50~100	3~8	——	——	8~10	10~14
G	668	349	3.9	445	——	4~7	3.5~29
纺织业洗衣车间	845	250	——	215	——	7.46	28.6
平均浓度	400	170	60	——	7		15

根据表 6-10 和上文计算的省级二线城市洗涤行业每年总耗水量，可推算出该城市洗涤废水每年排放的污染物的量为：COD_{Cr} 约 4112t，LAS 约 617t，BOD_5 约 1748t，总磷约 72t，氨氮约 154t。

课后任务：以南京工程学院学生宿舍洗衣房为调查对象，参考文中方法和思路图（图 6-34），通过实地取样、实验测量等方法，确定洗衣废水的主要成分及特点，分析洗衣行业节水潜力并估算江宁大学城洗衣行业每年的节水量和污染物减排量。

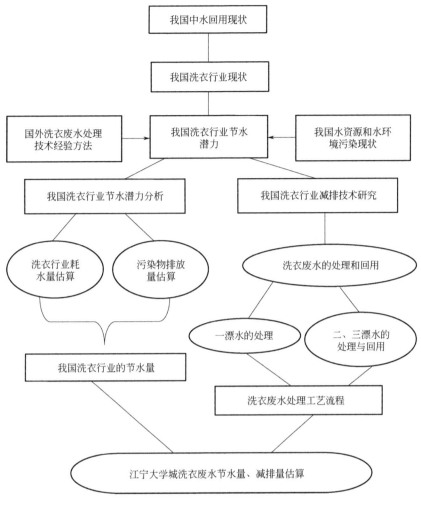

图6-34 分析思路

6.4.3 任务二：洗衣废水处理技术

洗衣废水中表面活性剂LAS为首要污染物，消除或降低其活性是处理此类废水首先需要考虑的，同时要考虑降低废水的COD、BOD。处理方法的有效性和经济性应以表面活性剂的去除率或转化率、残留量为比较基准。

根据废水水质的特点，洗涤废水可以分为两大类，一类是家庭洗涤废水，其中的LAS含量较低，像洗衣废水、厨房废水和洗浴废水等的LAS质量浓度一般为1~10mg/L，pH值一般为8~11；一类是洗涤行业产生的废水，LAS的含量较高，其LAS质量浓度一般为200mg/L或更高，部分LAS生产废水的pH值为4~6，呈酸性。两类废水的COD差异也很大，从100~10000mg/L，甚至达10^5mg/L。因此针对这两类废水的不同特性要采用不同的处理方法。实际处理时则应从回收利用和彻底氧化分解两种途径考虑，对生产厂家直接排放的其他成分较少的高浓度LAS废水可考虑回收利用其中的LAS；对其他行业或家庭排放的LAS含量较低的废水，其有机成分较多，回收价值不大，则应采用去除较彻底的氧化法处理，以减少二次污染。就废水的处理方法而言，根据对废水中LAS的破坏性，可以将处理技术分为两类：一类为"非破坏性"技术，即分离法，包括混凝分离法、吸附分离法、泡沫分离法、膜分离法等；另一类为"破坏性"技术，即氧化分解法，包括催化氧化法、微电解法、生物氧化法等。现介绍国内外处理洗涤废水的几种主要方法。

（1）混凝分离法

混凝分离法是利用洗涤废水中表面活性剂与油污、尘土颗粒等作用，形成带负电荷的胶体粒子，比较稳定的存在于水体中，混凝剂加入到这样的废水中，发生一系列的水解作用，产生大量的带有正电荷阳离子剂及经羟基桥联形成的多核高电荷的配合离子，他们对悬浮胶粒表面的电荷有很强的吸附电中和能力，并且对胶体的双电层有很强的压缩能力，使胶体粒子脱稳，最后形成高聚合的氢氧化物，通过吸附沉淀网捕作用把污染物分离出水体。

混凝处理法可有效去除废水中的 LAS，出水较稳定并达标排放。处理合成洗涤剂废水效果较理想、成本低、易操作，但没有彻底使污染物转化为无害物质，易造成二次污染。有研究者发现，在化学混凝法处理含 LAS 废水的过程中，会产生大量的含高浓度 LAS 的污泥，污泥的进一步处理也会增加处理成本，而且处理不当会对环境产生二次污染，造成更严重的危害。

（2）吸附分离法

吸附分离法是利用多孔性的固体物质，使废水中的一种或多种物质被吸附在固体表面而去除的方法。常用的吸附剂包括活性炭、硅藻土、高岭土等各种固体物料。活性炭因常温下对 LAS 的吸附容量大，可达 55.8mg/L，处理效果较好。但活性炭再生能耗大，且再生后吸附能力亦有不同程度的降低，因而限制了其应用。天然沸石的吸附规律符合 Langmuir 等温吸附方程式，由沸石对表面活性剂的吸附净化能力的研究可知，其对 LAS 的去除能力在 22.3%～75.7%，平均值为 60.4%。

天然的黏土矿物类吸附剂货源充足，价格低廉，应用较多。常温下硅藻土对 LAS 的饱和吸附量可达 12.5mg/g。为了提高吸附容量和吸附速率，对这类吸附剂研究的重点在于吸附性能和加工条件的改善、表面改性等方面。

（3）泡沫分离法

泡沫分离法是指向废水中通入空气，生成气泡，使废水中的 LAS 吸附于气泡表面上，升至水面富集形成泡沫层，除去泡沫层后，就能将 LAS 从废水中浓缩分离出来。表面活性剂最大的特点是极易在气-液界面聚集并形成排列整齐的"分子膜"，使界面附近表面活性剂的浓度相对提高，泡沫的气液界面巨大，废水中的表面活性剂 90%将向泡沫转移，泡沫中的表面活性剂浓度将是水中的 3～10 倍，而且泡沫间隙液的有机物中表面活性剂占绝大部分。此法广泛用于对合成洗涤剂成分的去除，在我国已实现了工业化，运行良好。对 LAS 的去除率取决于物理因素、化学因素、分离速度、浓缩率等。分离形成的泡沫可用消泡剂，如硅酮、真空或机械消泡器去除，浓缩液可回用或进一步处理。

泡沫分离法具有操作简单、耗能低，尤其具有适用于较低浓度情况下的 LAS 分离等优点，但泡沫分离法对表面活性剂废水 COD 的去除率不高，尤其是对于高浓度废水处理效果更低，因此需要与其他方法联合使用，如泡沫分离-混凝法、泡沫分离-生物接触氧化法等。

此外分离出的浓缩水中 LAS 的回收技术也需继续研究。

（4）催化氧化法

催化氧化法是对传统化学氧化法的改进与强化。催化氧化法经常使用 Fenton 试剂，属均相氧化法。处理时，如果铁盐浓度较高，则 LAS 的去除主要靠絮凝作用；浓度低时，则主要靠氧化作用。Lin 等用 Fenton 氧化法来处理表面活性剂废水，得出 $FeSO_4$ 和 H_2O_2 的浓度分别为 60mg/L 和 90mg/L、pH 值在 3 左右为最佳的初始实验条件，经 50min 的处理之后，表面活性剂 LAS 和 ABS 的去除率稳定保持在 95% 以上。紫外光 Fenton 试剂法处理洗衣废水具有反应时间短、反应过程容易控制、对有机物降解无选择性等优点，但由于氧化剂消耗量过大难以普遍采用，且运行成本高。

光催化氧化技术是一种新型的水污染治理技术，具有高效、节能、适用范围广等特点，其降解作用对有机污染物有广泛的适应性（无选择性局限），几乎可与任何有机物反应，常用来处理难生物降解的有机物，能将其直接矿化为无机小分子，降解反应可在常温常压下进行，且有利于 LAS 的分解。采用高压汞灯为光源，锐钛型 TiO_2 为催化剂，悬浮在废水中，反应 50min，LAS 的去除率即可达到 90% 以上，分解速率随溶液中 pH 值的上升而增大。

多相催化氧化法和光催化氧化法都可以将 LAS 彻底分解为 CO_2 和 H_2O，消除了二次污染，LAS 结构中的烷基链可氧化，芳环则被氧化开环而生成碳酸盐和 H_2O；磺酸盐被氧化成 SO_4^{2-}。但目前光催化氧化 LAS 的研究都是在实验室研究阶段，还不太成熟，仍有许多影响因素需进行探讨。

（5）混凝沉降法

混凝沉降法工艺主要包括预处理、混合反应沉淀和污泥处理三个单元。具体废水处理工艺流程见图 6-35。目前主要以硫酸铁、PAC 为混凝剂，以 PAM 为助凝剂。首先在洗衣废水中投加硫酸铁或 PAC，使水中的难溶性固体悬浮物与硫酸铁或 PAC 等混凝剂充分接触，最大限度地形成胶体颗粒，在瞬间完成脱稳与凝聚。接着在一定的水力条件下，形成更大的胶体颗粒（也称作絮粒），以便于洗衣废水中的难溶性固体颗粒在重力作用下更好地沉降，最后在沉淀池中沉淀。

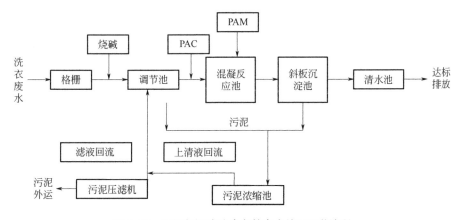

图 6-35　以混凝沉降法为主的废水处理工艺流程

该废水处理工艺流程简单、运行高效、可调节性高，能有效去除 SS 和 LAS，COD 去除率达到 60%~70%, LAS 去除率达到 80%~90%, 色度去除率达到 80%~95%。此外，该工艺具有一定的抗冲击负荷的能力。但该方法存在投加的药剂易引起二次污染、占地较大、污染量大等缺陷。

(6) 膜分离法

膜分离法指利用膜的高渗透选择性来分离溶液中的溶剂和溶质，可用膜分离法中的超滤和纳滤技术来处理 LAS 废水。当废水中的 LAS 主要以分子和离子形式存在时，用纳滤技术处理效果更好。同时由于超滤膜孔径远大于纳滤膜，小分子量物质易进入膜孔内部，致使膜孔内产生阻塞，使水通量下降，因此纳滤膜更适用于 LAS 浓度较低情况下的处理。由于 LAS 为阴离子表面活性剂，所以在膜材料方面应选用带有阴离子型或电负性较强的膜材料。膜分离的关键技术是选取高效高渗透膜和提高处理量，并要解决好膜污染问题。低浓度洗涤废水经"微絮凝纤维过滤+超滤"组合工艺处理后，原水中超标的 COD、浊度、LAS 得到大幅降低，而且处理能耗低、效率高、工艺简单、易于自动化、维护方便，与其他处理方式相比具有明显的优势。

20 世纪 80 年代膜生物反应器（MBR）受到各国的重视，成为世界研究的热点，成功应用于美国、法国等十多个国家，规模为 $6m^3/d$ 至 $13000m^3/d$。我国对 MBR 的研究相对较晚，近年来进展相对较快。MBR 是一种将高效膜分离技术与传统活性污泥法相结合的新型高效污水处理工艺，它将具有独特结构的平板膜组件置于曝气池中，经过好氧曝气和生物处理后的水，由泵通过滤膜过滤后抽出。它利用膜分离设备将生化反应池中的活性污泥和大分子有机物质截留住，省掉二沉池，活性污泥浓度因此大大提高，水力停留时间（HRT）和污泥停留时间（SRT）可以分别控制，而难降解的物质在反应器中不断反应、降解。这种技术综合了膜分离和生物处理技术的优点，高效、低能耗，在中水回用方面是一种极具发展前景的污水处理技术。

近年来 MBR 一体化设备（图 6-36）是利用膜生物反应器（MBR）进行污水处理及回用的一体化设备，其具有膜生物反应器的所有优点：出水水质好、运行成本低、系统抗冲击性强、污泥量少、自动化程度高等。另外，作为一体化设备，其具有占地面积小，便于集成的优点。它既可以作为小型的污水回用设备，又可以作为较大型污水处理厂（站）的核心处理单元，是目前污水处理领域研究的热点之一，具有广阔的应用前景。膜生物反应器可以清除洗衣废水中 90% 的 COD，使 LAS 得到有效降低，而且工艺流程简单、占地面积

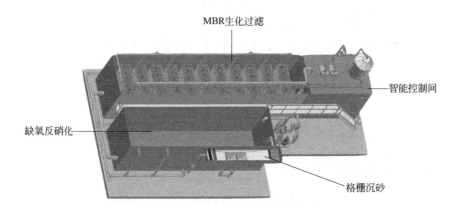

图 6-36　MBR 一体化设备

小（只有传统工艺的 1/3～1/2）、运行操作简易，实现了洗衣废水的简易物化处理，克服了生物处理法的部分不足，经过处理后的水质完全满足一次洗衣用水的要求。

综上所述，在洗涤废水的各种处理方法中都存在优缺点：混凝法分离表面活性剂的效果好，但混凝剂的用药量大，污泥量多；吸附法出水水质好，但投资高，吸附再生困难；光催化法虽然氧化彻底，但氧化剂较为昂贵，目前用于工程还不是很经济；泡沫分离法工艺较简单，需与其他方法联用；混凝沉降法处理工艺流程简单、运行高效，但容易产生二次污染；膜分离法处理高效，无二次污染，但对膜材料的性能要求较高。目前对各种方法的处理机理仍需深入研究，尤其是关于表面活性剂和其乳化携带的胶体体系的化学特性及其在处理过程中的变化因素等方面的探究。由于单一技术处理的局限性，在实际工程中，应考虑优化组合各种技术，开发出适合我国国情的一体化联用技术。

课后任务：在第 3、4 章知识的基础上，根据本节任务二调查的洗衣废水的产生量和特点，设计洗衣废水中水回用处理方案。

6.4.4 任务三：项目设计

目前，我国大多数中、小洗衣店的洗衣废水和居民生活污水（洗涤废水高达 25%）都是通过排水管网输送至市政污水处理厂，造成水资源大量浪费，污染物超标等环境问题，尤其是洗衣废水中含有的直链烷基苯磺酸钠（LAS）在我国环境标准中属于第二类污染物质。LAS 被使用后最终大部分形成乳化胶体物质排入自然水体，不仅会抑制和杀死水体中的微生物，而且还抑制其他有毒物质的降解；LAS 与其他污染物结合在一起后会形成具有一定分散性的胶体颗粒，对工业废水和生活污水的物化、生化特性都有很大影响。因此含有 LAS 的洗涤废水对水环境影响很大。

因此，本项目设计开发出一种能与洗衣机联用的洗衣废水回用装置，该装置以抗污染性强、处理效能高且具有抗菌性的载银 PVDF 膜为核心处理单元，将光催化-膜分离技术有效耦合，结合智能分质处理系统，实现洗衣废水就地安全回用。装置融合智能化、模块化理念，以太阳能为动力来源，实现洗衣废水的资源化，既减少污染物的排放，又节约了大量水资源，同时设备简单、投资少，对中小型洗涤企业具有较高的应用价值。膜制备流程见图 6-37，膜作用机理见图 6-38，项目设计思路见图 6-39。

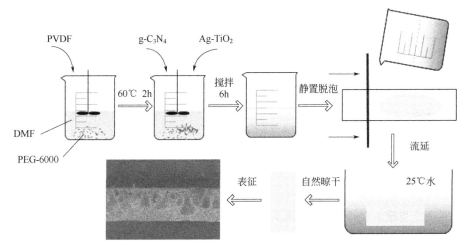

图 6-37　PVDF 载银膜制备流程

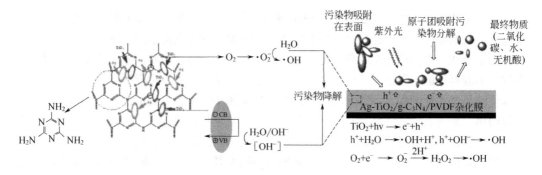

图6-38 PVDF载银膜作用机理

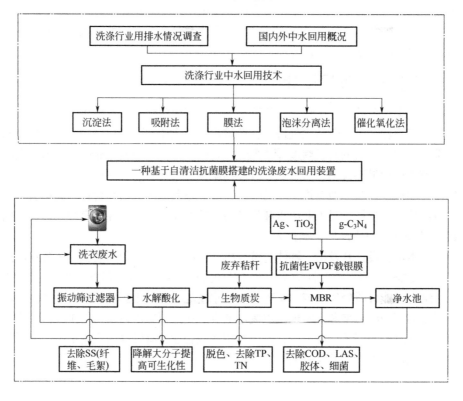

图6-39 基本设计思路

课后任务：在前期任务学习的基础上，查阅资料理解本任务中的回用技术。学习了解我国关于节水型社会和无废城市建设的相关政策。

6.4.5 任务四：载银膜制备及表征

知识链接：膜污染

膜污染是指原水中的胶体颗粒或大分子物质在过滤过程中，由于膜材料为疏水性材料，易与污染物产生相互吸引作用，从而使污染物吸附、沉淀在膜表面，甚至膜孔内，从而使膜表面孔径缩小，这就使膜表面产生可逆或不可逆污染的现象。随着膜组件的不断运行，污染物在膜表面不断吸附、沉淀，从而使膜表面形成一层凝胶层。凝胶层的形成，会进一步增加水流阻力，使膜分离能力下降。进而造成膜的性能受损，最终导致膜使用寿命的缩短，增加膜组件的运行成本与动力消耗。

（1）膜污染种类

膜污染主要可以分为胶体沉淀污染、吸附污染和生物污染三种，污染示意图见图 6-40。

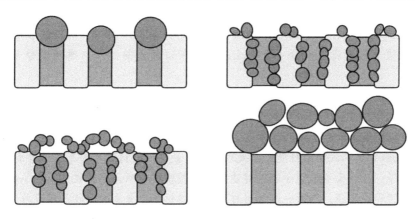

图 6-40　膜污染示意图

① 沉淀污染。膜的沉淀污染主要是因为原水含有大量的无机物质，如铁、镁、钙等金属化合物，在膜表面或膜孔内形成沉淀引起的。随着无机颗粒杂质沉淀在膜表面，膜阻力也会随之增大，增大超滤膜组件的运行成本和动力成本。

② 吸附污染。有机物吸附在膜表面是影响膜性能的主要原因之一，溶解性有机物（DOM）存在于地表水和污水中，其主要分为三种不同的类型：难溶解性有机物（NOM）、合成有机化合物（SOC）、微生物可溶代谢分泌物，伴随着这些溶解性有机物（DOM）在膜孔内吸附和累积，吸附的污染物越来越多，导致膜孔径的缩小以及过膜阻力的增大，并且通过常规的清洗方式难以恢复。

③ 生物污染。膜的生物污染，顾名思义就是在膜组件运行过程中，水样中原有的微生物与膜表面接触，并在膜表面不断地生长繁殖后代所造成的。在自然水体和生活污水中都含有不同浓度、不同类型与种群的微生物。同时微生物具有很强的繁殖能力，只要有适宜其生长的物理化学环境，微生物便能在短时间内大量繁殖。

同时，微生物的适应能力在生物中也是极强的，它会随着营养物质成分的变化、物理环境的变化而做出相应的改变，以便及时更好地生长繁衍。因此，膜生物污染是膜技术在工程实际使用中必须面对的问题。

此外，根据水力清洗的效果，膜污染分为可逆污染和不可逆污染。可逆污染指由浓差极化引起的凝胶层污染，可通过水力清洗或者气水反冲洗去除。不可逆污染是指由不可逆的吸附、堵塞等化学和生物反应引起的污染，主要是由膜组件与过滤中的微粒、胶体粒子以及溶质大分子发生物理、化学作用或机械作用从而使得在膜表面或膜孔内产生吸附、沉积造成膜孔径变小或堵塞，产生膜通量和分离特性的不可逆变化。不可逆污染通过水洗等物理清洗难以消除。

（2）膜污染的控制

由于膜污染导致运行过程中膜阻力增大、膜通量下降，膜清洗更加频繁，从而加大了能量的损耗，缩短膜的使用寿命，限制了膜分离技术在水处理行业的广泛应用。因此，采取合理的措施控制膜污染问题，能有效降低膜组件的清洗频率和运行能耗，从而减少膜组件的运行成本和动力成本。膜污染的控制可通过以下三个方面进行。

① 原水预处理。原水的温度、离子强度、pH 值等因素都会影响膜污染程度。温度的改变影响了水的黏滞系数，从而影响到原水对膜的污染程度。pH 值的变化改变了原水中有机污染物的形态和结构，进一步改变了有机物在膜表面吸附性的强弱程度。在中性和碱性条件下，由于腐殖酸分子之间存在排斥作用，所以其构型拉伸为线性。当 pH 值下降时腐殖酸分子会发生卷曲，所以酸性条件下，腐殖酸分子呈刚性卷曲状体。

腐殖酸的不同形态和结构会影响膜的水通量，腐殖酸在刚性卷曲状态下，会形成进一步收缩的有机颗粒，这种有机颗粒很容易进入膜孔进而堵塞膜孔；腐殖酸在柔软的线性状态容易吸附沉积在膜表面，使膜孔收缩，从而减小膜的水通量。

② 提高膜本身的抗污染性能。水处理中应用最广泛的材料主要有纤维素类、聚砜类、含氟聚合物等。纤维素类适用于制造超滤膜、微滤膜；聚砜类具有机械强度高的特点，适合制备超滤膜和微滤膜，同时也适合当作膜的支撑材料；含氟聚合物是现阶段制造微滤膜和超滤膜的一种重要的膜材料，含氟聚合物具有机械强度高、可塑性好、耐高温等特点，在膜材料中备受青睐。

膜材料的亲/疏水性、化学结构、表面电荷分布和孔径大小等因素，都会不同程度地影响膜的分离功能。膜的亲/疏水性是影响膜分离性能的一项重要指标，亲水膜过水时膜通量较大，这是因为在膜过滤过程中，由于水分子和膜表面有氢键作用，在膜表面会形成一层具有有序结构的水膜。当膜的亲水性好时，水分子优先被吸附到膜表面并通过膜孔，因此亲水性膜在较小的压力条件下便可以滤水。但是当疏水性污染物接触到膜表面时，就需要损失较多的能量破坏膜表面的水分子层，因此亲水膜水通量大且不易被污染。在实验中，膜材料亲水性的强弱常用膜表面的接触角来表示。膜表面接触角越小，表示膜材料的亲水性越强，膜的抗污染性能就越强。

③ 优化膜工艺运行条件。膜组件的构成、水力条件以及操作压力等都会影响膜污染程度。例如通过对膜组件设计的改良，可以在一定程度上缓解滤饼层的形成状况。对水力条件的改善，则能有效防治浓差极化现象。采取合适的膜组件运行过程中的操作压力，能有效缓解膜污染现象。

由于大部分有机膜是强疏水性的，存在严重的膜污染问题，这限制了其在水处理领域的推广。因此对有机膜进行亲水改性尤为重要，通过改性才能使膜的抗污染性、渗透性和稳定性得到较大程度的改善，从而扩宽膜分离技术的应用。

（1）载银膜制备

① 准备工作：制备 TiO_2 和 $g-C_3N_4$ 粒子；将聚偏氟乙烯（PVDF）和要添加的 TiO_2 和 $g-C_3N_4$ 粒子提前放入烘箱内，处于干燥状态。

② 铸膜液配置：改性粒子 TiO_2（0.75g）、$g-C_3N_4$（0.25g）和 Ag（xg）混合均匀制得三元复合光催化粒子 $Ag/TiO_2/g-C_3N_4$；取 0.6g 聚乙二醇-6000（PEG-6000）加入到 21mL 的 DMF 溶液中，60℃恒温磁力搅拌，待聚乙二醇-6000 完全溶解后，加入 3g 聚偏氟乙烯（PVDF），同时加入 2~3 滴硅烷偶联剂，待聚偏氟乙烯（PVDF）完全溶解，再加入数克三元复合光

催化粒子 Ag/TiO₂/g-C₃N₄，继续 60℃恒温拌 4~5h，直至形成均一、透明的铸膜液。配置好的铸膜液需在室温下静置脱泡。

③ 相转化法成膜：取一定量的铸膜液均匀涂抹于 35cm×20cm 的玻璃平板上，在空气中放置 20s，将玻璃板水平浸泡至去离子水凝胶浴中以诱导相转化的发生。去离子水凝胶浴温度保持为室温。值得注意的是，在每次制备含有不同 Ag 粒子含量的复合膜时，应使用新的凝胶浴，即避免凝胶浴的重复使用。

④ 后处理：为确保相转化完全以及溶剂的洗脱，将所形成的复合膜浸泡在去离子水中保存，以备测试使用。

制备 g-C₃N₄的流程图见图 6-41，PVDF 改性技术路线图见图 6-42。

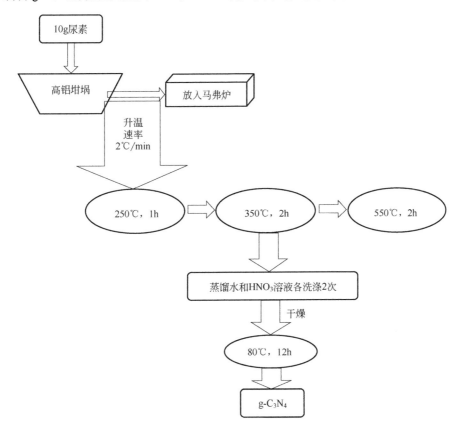

图 6-41 g-C₃N₄制备流程图

课后任务：查阅文献资料，理解制膜机理，四位同学为一组，在实验室制备载银膜。

（2）载银膜表征

采用扫描电子显微镜（SEM）观察载银膜的表面及断面结构；利用热重分析仪研究纯膜和载银膜的热稳定性；通过傅里叶红外考察载银膜结构单元的化学组成、单体间的连接方式等；借助紫外可见分光光度计探究铸膜液的分相速率。通过查阅文献资料，并结合《仪器分析》课程所学内容，课后熟悉这类微观表征。纯膜和改性膜的通量、牛血清白蛋白截留率、孔隙率等实验参照本节项目二完成。

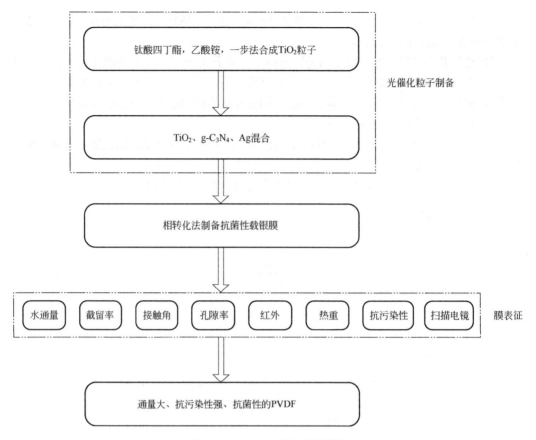

图 6-42 PVDF 改性技术路线图

本任务中主要介绍膜的抗污染性和抗菌性的评价内容。

① 抗污染性。载银膜的抗污染性能以经过表面污染和内部污染后的纯水通量恢复率进行评价。选择 1g/L BSA 溶液作为测试液，测试条件：室温、0.1MPa 的操作压力、分离膜的有效面积 $A=50\text{cm}^2$。具体测试过程如下。

a. 将分离膜放入过滤装置中，加入 200mL 纯水，在 N_2 氛围中于 0.15MPa 压力下先对膜预压 30min，稳定后调整压力为 0.1MPa，水通量稳定后进行数据采集。

b. 测试压力为 0.1MPa，测试 t 时间内通过膜过滤的纯水体积 V，利用式（6-9）可计算得到纯水通量（J_w／［L／$(\text{m}^2 \cdot \text{h})$］）。

c. 纯水过滤一定时间（30～60 min）后，将超滤杯中的纯水换成 BSA 溶液（$C_f=1\text{g/L}$），同样在 0.1MPa 的测试压力下，收集一定时间（t）内超滤膜的过滤体积（V），可通过式（6-9）计算相应的 BSA 溶液的膜通量 J_p。

d. 将 BSA 溶液过滤 30min 后，将膜取出用去离子水反复冲洗，然后再重复步骤（b），得到冲洗后的纯水通量 J_r。

e. 每次以过滤纯水-BSA 溶液-纯水为一个循环，每张膜进行 3 次循环测试后再进行 120min 纯水通量测试，记录每次测试后对应的 J_w、J_p 和 J_r。水通量计算见式（6-9）。

$$J_w = \frac{V}{At} \tag{6-9}$$

式中　V——一定时间过滤纯水体积，L；

　　　A——有效膜面积，m^2，本实验中分离膜的有效面积为 $50cm^2$；

　　　t——过滤时间，s；

　　　J_w——纯水膜通量，$L/(m^2 \cdot h)$。

此外，膜的抗污染性还可以通过通量恢复率、膜污染和过滤阻力三个指标评价。

通量恢复率计算见式（6-10）：

$$FRR = \frac{J_r}{J_w} \times 100\% \qquad (6\text{-}10)$$

为深入探究其抗 BSA 污染性能，分别计算在 BSA 污染过程中的可逆污染（R_r）和不可逆污染（R_{ir}），其计算公式见式（6-11）和式（6-12）：

$$R_r = \left(\frac{J_r - J_p}{J_w} \right) \times 100\% \qquad (6\text{-}11)$$

$$R_{ir} = \left(\frac{J_w - J_r}{J_w} \right) \times 100\% \qquad (6\text{-}12)$$

膜污染由可逆污染和不可逆污染组成。因此，在分离过程中，由总蛋白质污染（R_t）所引起的总污染见式（6-13）：

$$R_t = R_r + R_{ir} \qquad (6\text{-}13)$$

Darcy-Poiseuille 定律是过滤过程中常用的研究阻力分布的模型，其表达式如式（6-14）：

$$J_p = \frac{\Delta P}{\mu R_T} \qquad (6\text{-}14)$$

式中　R_T——总过滤阻力，m^{-1}；

　　　ΔP——跨膜阻力，MPa，取 0.1MPa；

　　　μ——水的黏度，$Pa \cdot s$，取 $8.9 \times 10^{-4} Pa \cdot s$。

在过滤过程中过滤阻力大致由以下部分构成：膜本身阻力 R_m、静态吸附阻力 R_e、堵孔阻力 R_i。根据该模型，各部分过滤阻力可按式（6-15）、式（6-16）、式（6-17）和式（6-18）计算：

$$R_T = \frac{\Delta P}{\mu J_p} \qquad (6\text{-}15)$$

$$R_m = \frac{\Delta P}{\mu J_w} \qquad (6\text{-}16)$$

$$R_e = \frac{\Delta P}{\mu J_r} - R_m \qquad (6\text{-}17)$$

$$R_i = R_T - R_m - R_e \qquad (6\text{-}18)$$

改性膜和纯膜的抗污染性能评价结果见图 6-43 和图 6-44。

由图 6-43 可知，改性膜的纯水通量由原膜的 $49.76L/(m^2 \cdot h)$ 增加至 $224.4L/(m^2 \cdot h)$，接触角相应从 87.6° 降至 53.9°，亲水性得到提升。进一步研究膜对牛血清白蛋白的分离通量，可以发现其数值均低于对应膜的纯水通量，这是因为在分离过程中白蛋白分子附着

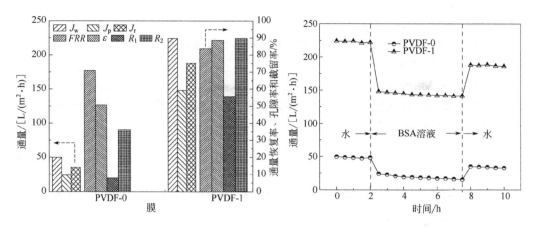

图 6-43　膜通量恢复图

PVDF-1—改性膜；PVDF-0—空白膜

在膜表面和膜孔中，引起通量下降。经去离子水浸泡后，膜的通量均得到了一定恢复。以纯水-BSA 溶液-纯水为过滤周期，由图 6-43 可知，各阶段通量为 $J_w > J_p > J_r$，PVDF-1 的各通量远高于 PVDF-0 的，说明改性膜的亲水性和抗污染性得到提高。

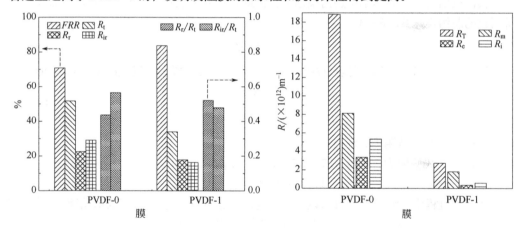

图 6-44　膜污染阻力图

由图 6-44 可知，PVDF-1 膜的通量恢复率 FRR 为 83.725%，较原膜的 FRR 提高了 15% 左右，说明引入的粒子使改性膜与 BSA 之间的排斥力增加，有助于其抗污染性的提高。PVDF-1 膜的总污染率 R_t、可逆污染率 R_r 和不可逆污染率 R_{ir} 分别为 33.98%、17.7% 和 16.28%，较 PVDF-0 膜（51.65%、22.47%、29.18%）均有所下降。此外 PVDF-1 的可逆污染占总污染的 52.1%，较改性前的 43.5% 有所增加，主要由于改性膜亲水性强，可以在膜表面形成水化层，减缓膜与污染物的接触，从而使其抗污染性增强。在过滤过程中，污染物的累积导致膜通量的衰减和过滤阻力的增加。从图 6-44 中可知，PVDF-1 的总过滤阻力 R_T 由 $18.81 \times 10^{12} \text{m}^{-1}$ 下降至 $2.73 \times 10^{12} \text{m}^{-1}$，膜本身阻力、静态吸附阻力和堵孔阻力分别由 $8.13 \times 10^{12} \text{m}^{-1}$、$3.35 \times 10^{12} \text{m}^{-1}$ 和 $5.33 \times 10^{12} \text{m}^{-1}$ 降为 $1.80 \times 10^{12} \text{m}^{-1}$、$0.35 \times 10^{12} \text{m}^{-1}$ 和 $0.58 \times 10^{12} \text{m}^{-1}$。膜材料本身阻力占比最大，在铸膜液中通过引入粒子可降低该阻力，进而缓解膜表面和孔壁上蛋白质的强附着或吸附所引起的 R_e 和 R_i。

② 抗菌性。利用抑菌圈实验可以评价膜的抗菌性能。作为革兰氏阴性菌的代表，E.coli 可选为该实验的测试微生物。首先，以液体 LB 培养基作为培养液，在 37℃恒温振荡培养箱中培育 E.coli 菌液，每次抗菌实验都使用最新配置的菌液。随后将菌液均匀涂布在固体 LB 培养基上。最后将直径为 4cm 的膜片放置在涂布有菌液的培养基上，并将其放置在 37℃ 培养箱中培养 24h。需要注意的是，应尽量排出膜片与菌液之间的气泡以保证膜表面与菌液的充分接触。所有的操作实验都应在无菌环境下完成。其形成的抑菌圈可作为评价膜抗菌性能的参数。

通过菌液过滤实验可进一步评价膜的抗菌性能。将大肠杆菌菌液经过过夜培养，使其光密度（OD_{600}）达到 0.4。将其悬浊液按 1∶100 的比例，利用 LB 液体培养基稀释。取其中 2mL 的稀释液进行过滤实验；将经过菌液过滤后的膜静置在 37℃的培养箱中培养 48h 后，利用 SEM 观察其表面。

本任务中采取相对简单的评价方法，以大肠杆菌和耐甲氧西林金黄色葡萄球菌（MRSA）作为微生物的代表，采用抑菌圈法来评价膜的抑菌性。将膜片裁剪为直径 1cm 的圆片，分别放置在涂布均匀的固体 LB 培养基上，其具有大肠杆菌、葡萄球菌两种菌群，保持在 37℃下 24h。通过观察复合膜抑菌圈的情况，评价膜的抗菌能力（图 6-45）。

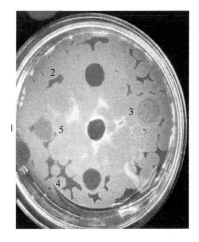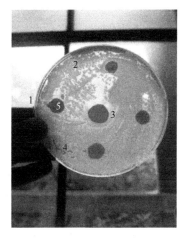

图 6-45 膜对大肠杆菌（左图）和葡萄球菌（右图）的抗菌性

1—空白膜；2—TiO_2/PVDF 膜；3—g -C_3N_4/PVDF 膜；4—TiO_2/g -C_3N_4/PVDF 膜；5—Ag/ TiO_2/ g -C_3N_4/PVDF 膜

由图 6-45 可知，对比以上五种抑菌圈，载银膜最显著，抑菌效果也最好。但是就相同条件下的两种菌群，实验结果表明，载银膜对葡萄球菌的抑菌圈面积较大，说明该膜对葡萄球菌的抑制作用更强。

课后任务：以小组为单位，将上个任务中制备的载银膜进行抗污染性和抗菌性评价。

6.4.6 任务五：膜分离装置搭建及运行

知识链接：MBR 及运行

膜生物反应器 MBR 可取代沉淀池污水深度处理（混凝、过滤、消毒）等环节，因此是最佳污水回用技术。膜生物设备的大规模应用引起了污水处理技术的一场划时代的革命。它将膜分离技术与普通活性污泥法工艺有机结合，采用膜组件取代二沉池，系统内大量的微生物在生物反应器内与基质充分接触，通过氧化分解的作用来进行新陈代谢的过程以维持自身的生长和繁殖，并且使有机污染物得以充分降解。在膜两侧压力差（称操作压力）的作用下，膜组件通过机械筛分、截留和过滤等过程对废水和污泥进行固液分离，大分子物质等被浓缩后返回到生物反应器内。

目前主要有三种形式的膜生物反应器：分置式、一体式和复合式。

（1）分置式

分置式MBR是指膜组件与生物反应器分开来设置，各自相对较为独立，膜组件与生物反应器这两部分系统通过泵与管路相连接。分置式膜生物反应器的流程图如图6-46所示。

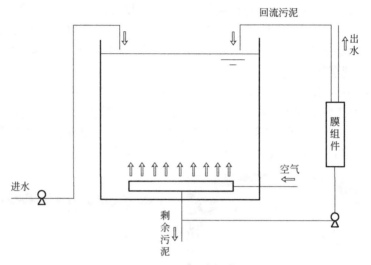

图6-46 分置式膜生物反应器的流程图

分置式MBR，有时也称为错流式MBR或横流向MBR，通常都采用加压型过滤。水在生物反应器中通过加压泵抽水后进入膜组件中，通过膜过滤后排出系统之外，经过过滤的浓缩液回流至生物反应器内。分置式膜生物反应器有以下几个特点：生物反应器与膜组件分开设置，独立运行，所以这两部分之间的相互干扰较小，系统运行期间的调节控制较为容易；将膜组件放置于生物反应器的外面，在必要的时候可以清洗更换，并且操作方式相对简单；组件在工作过程中需要一定的压力，而膜组件的水通量除了受膜污染的影响外，受压力的影响也较大，所以可以根据水通量的需求量来进行压力调节，操作相对简单；分置式膜生物反应器在运行过程中，为了减缓膜污染的程度，往往采用相对较大的压力来实现膜表面高速错流的条件，这样加压泵的动力消耗就较大，这是分置式膜生物反应器系统动力费用较大的原因；生物反应器中的加压泵在工作过程中会造成活性污泥中某些微生物失活，影响生物降解的效果；相比较于另外两种膜生物反应器，分置式膜生物反应器的结构相对复杂，占地面积也相对稍大。

（2）一体式MBR

一体式MBR是在生物反应器内部设置膜组件，又可称为淹没式MBR（SMBR），一体式MBR出水动力主要依靠重力或水泵抽吸产生的负压或真空泵。工艺流程如图6-47所示。

一体式MBR的主要特点有：在生物反应器内设置膜组件，将二者合为一体，减少了系统的占地面积；动力消耗费用由于使用抽吸泵或真空泵抽吸出水远低于分置式MBR，资料表明一体式MBR每吨出水的能量消耗约是分置式的1/10，若想节省这一部分费用就可以采用重力出水。一体式MBR没有加压泵这一设施，因此微生物菌体就可以避免受到剪切作用而失去活性。一体式 MBR 是将膜组件浸没在生物反应器的混合液中，所以其膜组件污染相对较快，而且清洗起来比较麻烦，需要将膜组件从反应器中取出。与分置式相比，一体式 MBR 的膜通量也较小。

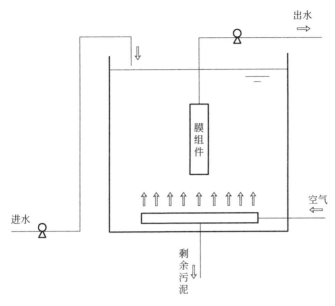

图 6-47　一体式膜生物反应器的流程图

人们研究了许多方法来有效防止一体式 MBR 的膜污染问题：可以在膜组件下方安装曝气系统，进行高强度的曝气，依靠空气和水流之间的搅动来延缓膜污染的程度。

淹没式 MBR 源于日本，主要用来处理生活污水和粪便污水，欧洲一些国家对它进行了一些研究和应用（表 6-11）。

表 6-11　淹没式 MBR 在欧洲的研究

项目	德国	瑞典	英国	法国
膜组件形式	中空纤维膜	板式膜	板式膜	中空纤维膜
膜孔径/μm	0.2	0.4	0.4	0.1
膜面积/m^2	83.4	80	160	12
反应器容积/m^3	4.1（硝化）	6.3（硝化）	15.5	0.65（硝化）
	2.8（反硝化）	2.75（反硝化）	—	0.25（反硝化）
曝气量/（$m^3 \cdot h$）	138	8	142	—
过滤压力/kPa	30	10	—	—
膜通量/[L/（$m^2 \cdot h$）]	16	20	21	—
MLSS/（g/L）	12~18	12~16	16	15~25
污泥龄/d	15~20	20~25	45	—
进水 COD/（mg/L）	200~300	200~300	300~800	290~700
出水 COD/（mg/L）	<20	<20	61	13~16
进水 NH_4^+-N/（mg/L）	40~60	40~60	30~70	22.3~50
出水 NH_4^+-N/（mg/L）	5	未检出	5	1.6~3.2

（3）复合式 MBR

复合式 MBR 是一体式 MBR 的一种，也是将膜组件置于生物反应器之中，通过重力或负压出水。复合式 MBR 在生物反应器中安装了载体填料，形成微生物降解与膜的截留作用结合的复合式处理系统，这是复合式 MBR 与一体式 MBR 最大的不同之处。

在复合式 MBR 中安装填料的目的有两个：一是提高了处理系统中抗冲击负荷的能力，保证了系统的处理效果的稳定与优质；二是降低了反应器中悬浮性活性污泥的浓度，从而大大减小膜污染的程度，在一定时间内保证了较高的膜通量。

膜生物反应器与传统工艺相比，具有小型一体化、高效、占地与投资节省、出水可实现资源化、操作管理简便、自动化程度高等突出优点。国外的膜设备研制经历三十多年的时间，已基本实现设备化，用于生活污水的深度处理、回用和高浓度工业废水的有效处理。但由于膜的固有缺陷，使膜设备的运行费用与设备费相当昂贵，限制了在我国的应用。目前，我国膜生物反应器的发展前景与发展趋势主要有几个方面：膜生物反应器长期稳定运行的工艺条件的优化；膜生物反应器的经济性研究；污染机理的研究与膜污染控制方法的探究；研发耐污染、低成本、性能优的新型膜材料。加速其设备化与市场化进程，将膜生物反应器更好地服务于社会，真正实现环境效益、经济效益和社会效益的统一。

（1）膜分离装置搭建及运行

本任务主要搭生物-光催化-膜分离三元协同的一体化中水回用装置，工作原理如图 6-48 所示。

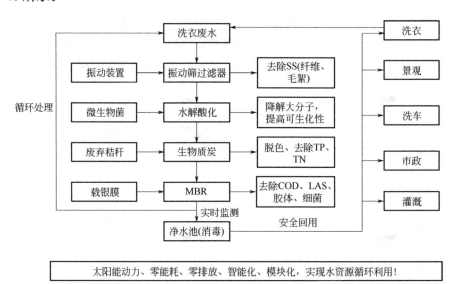

图 6-48　工作原理图

装置处理工艺如下（图 6-49）。洗衣废水通过振动筛过滤器除去废水中悬浮物（如衣物中的毛絮、纤维等）；再利用水解池中兼性微生物的新陈代谢作用去除氮；接着利用生物接触氧化，使洗衣废水中残留的有机污染物和氨氮得到进一步的处理；之后通过改性生物质炭，吸附废水中氮、磷、表面活性剂等，进一步减轻膜生物反应器的污染负荷；再由膜分离反应器对污水进行深度处理，清除洗衣废水中 90% 的 COD，使 LAS 得到有效降低，最后进行杀菌消毒，经过处理后的水质完全满足一次洗衣用水的要求。整套装置的动力可来自于风能、太阳能等清洁能源，且无废弃物排放，环境效益明显。

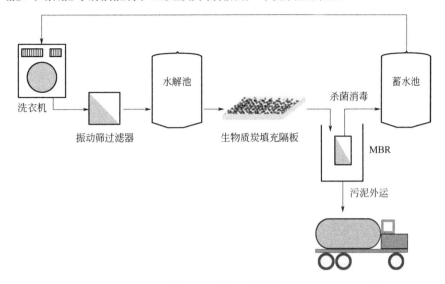

图 6-49　处理工艺图

依据处理负荷计算确定各处理单元尺寸；提前委托产学研合作单位加工膜片并做成浸没式组件；生物质炭由课题组老师提供，并配可固定的填充隔板；参照实验指导手册一次完成 MBR、生物质炭、水解酸化池、振动筛的搭建；最后连接太阳能板和水泵（图 6-50）。

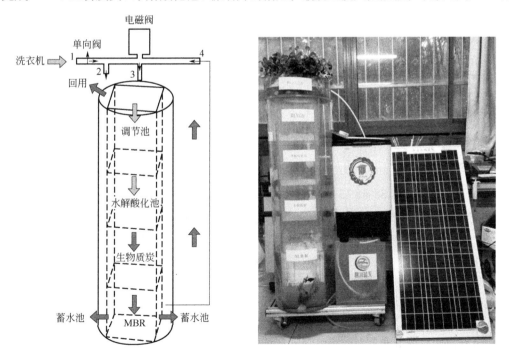

图 6-50　装置图
1—污水进水口；2—污水出水口；3—洁净水；4—处理水

参照实验指导手册在实验室完成洗衣废水资源化实验，并对每级处理单元进出水采样并检测，分析作用机理和处理效果。

（2）效益分析

本任务中搭建的装置以太阳能为动力，借助浮力阀使废水自动流向各处理单元，真正的零能耗；装置无需土建，节约用地；不需添加药剂，避免产生二次污染；系统集成化设计、模块化组合、智能化分质处理，实现洗衣废水的安全回用。

节能减排效益分析：

① 废弃秸秆和洗衣废水既实现资源的循环利用，又减少污染物排放，节能减排；

② 装置无土建，零耗电，一次性投入少，处理费用为 0.47 元/吨，比传统费用降低 17%，经济效益可观；

③ 以海尔 8 公斤全自动洗衣机为例，每台洗衣机运行一次总用水量为 80L，最大回用率为 80%：

$$80L \times 80\% = 64L$$

以南京工程学院为例，学校一共有 21 栋宿舍楼，每栋楼大约 1000 人，每 100 人配一台洗衣机，则全校共配备洗衣机 210 台；每台洗衣机每天至少洗衣五次，每年在校时间按 280 天计，则全校每年使用洗衣机次数为：

$$210 \times 280 \times 5 = 294000 \text{ 次}$$

则年节约用水量：

$$64 \times 294000 = 1.88 \times 10^4 t$$

减少 LAS、COD、BOD 排放计算公式如下：

$$COD: 1.88 \times 10^4 \times 845 \times 10^{-6} = 15.9 \text{ t}$$

$$BOD: 1.88 \times 10^4 \times 250 \times 10^{-6} = 4.7 \text{ t}$$

$$SS: \quad 1.88 \times 10^4 \times 215 \times 10^{-6} = 4.0 \text{ t}$$

$$LAS: \quad 1.88 \times 10^4 \times 62 \times 10^{-6} = 1.2 \text{ t}$$

按南京市水价约 8.15 元/t，排污费约 2.0 元/t 计，则每年可节约费用为：

$$1.88 \times 8.15 + 2 \times (15.9 + 4.7 + 4.0 + 1.2) \times 10^{-4} \approx 15.3 \text{ 万元}$$

本装置能源清洁，几乎无后续费用，故每年可以节约 15.3 万元左右，减少污染物排放量 26t。市场同类装置价格在 1 万元至 6 万元不等，而本装置价格在 5000 元左右，且基本不产生后续使用费。本装置适用范围广泛，如家庭、酒店、高校、洗涤厂等，经济效益、环境效益很可观。

6.4.7 项目总结

针对洗衣行业节能节水措施匮乏，直接排放导致水资源大量浪费和污染物排放超标等环境问题，设计并搭建振动筛+生物质炭+MBR 多元协同工艺的中水回用装置，有效耦合光催化-生物-膜分离技术，并引入 Ag 增加抗菌功能。该装置可有效改善传统中水回用技术中占地面积大、投资成本高、易造成二次污染等缺陷，其自清洁功能池载银膜，不仅提高膜的亲水性，还有机耦合膜分离与光催化技术，高效截留悬浮物、胶体、LAS 等污染物，银离子的抗菌性可去除 70%以上粒径为 100～120nm 的细菌、病毒。由废弃秸秆制得的改性生物质炭作为前期处理单元，吸附水中氮、磷、染料等，以废治废的同时进一步减缓膜生物反应器的污染负荷，后续串联的膜生物反应器可高效去除 90%的 COD 和 LAS。该装置经济高效地将洗衣废水处理为回用水，实现资源循环利用，具有显著的社会效益、经济效益和环境效益。本项目内容将环境、机械、自动化、艺术等相关专业知识有机融合，运用理实一体化教学手段，形成"工程化环境、项目化载体、团队式指导、协作式学习"的教学组织形态。结合制膜、装置的搭建、运行等实践环节帮助学生构建多元化、系统化和全面化的知识体系，同时也提升了工程应用能力和综合实践能力。

6.5　农家乐污水的处理与回用

6.5.1　项目背景

2015 年中央一号文件做出指示，要积极开发农业资源，发展其不同功能，挖掘乡村文化教育、旅游观光、生态休闲等价值，大力发展乡村旅游。2021 年 1 月 4 日，我国发布《中共中央　国务院关于全面推进乡村振兴加快农业农村现代化的意见》，文件明确民族要复兴，乡村必振兴，全面推进乡村产业、人才、文化、生态、组织振兴，充分发挥农业产品供给、生态屏障、文化传承等功能，走中国特色社会主义乡村振兴道路，加快农业农村现代化，加快形成工农互促、城乡互补、协调发展、共同繁荣的新型工农城乡关系，促进农业高质高效、乡村宜居宜业、农民富裕富足，为全面建设社会主义现代化国家开好局、起好步提供有力支撑。而乡村旅游与美丽乡村建设的目标有着高度的一致性，乡村旅游极大促进了美丽乡村的建设。以乡村旅游为导向的"美丽乡村"建设模式，方便实施且有利于推广，改善了乡村生态环境，提高了村民生活质量，切实地推进了城乡统筹发展，很好地体现了乡村生态文明建设。

乡村游依托山水田园的自然风光，是城镇居民获得"吃在乡村、住在乡村、乐在田园"放松身心的新旅游方式，也是促进乡村经济发展的有效手段。但是随着乡村游的快速发展，游客量迅速增加，对水资源的需求和污水的产生及排放量日益增大，对乡村及周边的水环境的影响也越来越明显。乡村游所处的农村地区基础设施差，污水集中处理率低。据住建部统计，我国农村污水处理率 2006 年仅为 1%，2010 年为 6%，2014 年增长到 9.98%。2014 年，我国有 3821 个建制镇对生活污水进行了处理，占比达 21.7%，污水处理能力达 $2345×10^4$t/d。《全国农村环境综合整治"十三五"规划》提出，到 2020 年我国农村污水处理率要达到 30%以上。目前，我国仍有 70%以上的建制镇、90%以上的乡、80%的行政村尚未进行生活污水处理，但农村污水处理能力年复合增速 8%左右，水环境问题不容乐观。

在乡村游的经营过程中更是产生大量的污水，包括洗涤废水、餐饮废水、卫生间废水等，并且具有较为明显的时段性，一般在旅游旺季的时候污水的产生和排放相对集中。这些污水直接或未经处理达标就排入自然水体，给水体引入大量的 COD、NH_3-N、LAS 等污染物。调查发现只有 20%的农家乐将污水排入市政管网统一处理；40%通过和生活污水混合排放后经隔油池、化粪池后排入自然界；其余的 40%的污水直接排入自然环境中。一般的生活污水可通过环境的自净作用分解污染物，但是农家乐污水成分复杂、排放量大、水质变化系数大、分散式直排、含有机污染物，仅通过环境的自净能力是远远不够的，超出环境的负荷能力，就会对水环境造成严重污染。若不采取有效的治理措施，也没有相应的规划和指导，盲目地增加乡村游数量、扩大其规模，产生的污水量也随之增加，对环境造成的影响必定更加严重。因此，如何对环境资源进行合理的利用，如何在保护环境的基础上振兴乡村经济，是关系到区域经济健康发展的一个重要问题。

本项目的内容围绕乡村游产生的成分复杂、水质水量波动大的分散式污水的就地资源化展开。通过设计、搭建并运行以 $Ag/TiO_2/g-C_3N_4/PVDF$ 复合膜为核心的"抽屉式滤池+新型菌+MBR"多级耦合的智能型模块化中水回用装置，使学生了解乡村游废水的特性、处理技术以及水处理技术中物理、生物、膜分离有效融合所产生的协同效应等方面知识。项目中搭建的中水回用装置可实现乡村游产生的废水的循环利用，切实推进绿色、低碳、循环的经济体系建设，实现绿水青山和金山银山的有机统一。

6.5.2　任务一：乡村游废水特性及污染物核算

（1）农家乐废水特性

近年来，乡村游发展十分迅速，据最新消息，我国农家乐相关企业已超过 19 万家，而从全国来看，四川省、湖北省、重庆市的乡村游相关企业占据了前三位，新疆、陕西、贵州等地区紧随其后，2010—2019 年这十年，乡村游相关企业注册量翻了三番。乡村游为当地居民带来了可观的收入，农家乐产业链需要大量的人才，农村居民可以加入到农家乐的队伍中，缓解当地居民的就业困难，同时也促进城乡居民来往，城市居民来农家乐感受自然风光，享受度假休闲，乡村居民可以更新思想观念，了解市场信息，调整产业结构，促进乡村经济的发展。然而农家乐如此飞速发展壮大的背后，存在农村水处理配套设施不齐全、排污监管力度不足等问题，火爆的农家乐在带来经济增长的同时，也不可避免地造成了众多环境问题。目前对农家乐生活污水等排放并没有硬性规定和处罚条例，因而对污水排放的监督和管理不易实现，农家乐污水大有随意直排的现象。

与普通的餐饮废水相比，农家乐生活污水有其特有的性质。餐饮废水的主要成分是剩余食物和各种涮洗废水的混合，包含动物脂肪类、食物纤维类、淀粉类等各类有机物。而农家乐所在地基本为农户自己的居住地，经营模式除了提供餐饮外大多还包含住宿，因此除了餐饮废水具有的特点外，农家乐生活污水包含的成分更为复杂，有机物含量更高，如还含有人粪尿、洗涤、洗浴废水等。蒋佳凌等发现，重庆石龙村农家乐生活污水的 COD_{Cr}、动植物油以及总磷等指标比一般的餐饮废水要高出很多。张志贵等发现，四川红雨村农家乐废水包括餐厨废水、洗浴废水及厕所粪尿冲洗水，废水量为 $28m^3/d$ 左右，厌氧池出水 COD 为 335.0mg/L，氨氮为 63.3mg/L，SS 为 129.8mg/L，TP 为 4.87mg/L，pH 值为 7.86。从农家乐的客容量来看，一般游客产生的污水量为 30～60L/d，如果要加上住宿，污水产生量要达到 300～400L/d，水污染负荷很大。

从整体来看，一方面，农家乐污水量没有一个准确的固定值，不同地区不同的旅游时间段，产生的废水量各有不同。另一方面，从目前的研究来看，农家乐主要污染物有 BOD、COD、SS、氨氮、动植物油、总氮，污染物的浓度高，浓度波动范围大。因此，针对农家乐生活污水的处理及技术的选取要因地制宜，实现经济效益、环境效益与社会效益的和谐统一。

（2）污染物核算

以宜兴市竹海村为调研对象，对该村农家乐废水排放的水量和污染物进行核算。

竹海村位于江苏省宜兴市区西南31公里的湖㳇镇境内，竹海风景区横跨浙江、安徽、江苏三省，位于北纬31°31′，东经119°43′。竹海以竹盛名，毛竹面积大，因此，竹海也被称为"森林氧吧"。与此同时，景区内有众多珍稀动物，如桃花水母、白鹤、鸳鸯等。竹海村优越的地理位置，独特的气候、水文、生物等条件给农家乐的发展提供了重大支撑。经调查，竹海村现有19个村民小组，843户，2276人，经营的农家乐共有54户，床位数约为1000个。经营方式已经不再局限于餐饮这一单一产业，发展为餐饮、住宿相结合的新型模式，KTV、观光等服务满足各类人群需要。本任务中需根据调查资料对竹海村农家乐产生的废水和污染量进行估算。

竹海村农家乐旅游年度污染物产生总量计算见式（6-19）：

$$P=[\alpha_1(V_1\eta_1+V_2\eta_2)+\alpha_2 V_2\eta_2]\times10^{-6} \tag{6-19}$$

式中　P——某项污染物产生的总量，kg；

α_1——住宿类客流量，人·次；

α_2——不住宿类客流量，人·次；

V_1——生活污水量，L/（人·次）；

V_2——餐饮废水量，L/（人·次）；

η_1——生活污水污染物指标的参考浓度，mg/L；

η_2——餐饮废水污染物指标的参考浓度，mg/L。

考虑到2020年疫情的特殊情况，查询2019年的相关资料后发现，游客接待总量约为80万，游客基本集中在2、7、8月份，折合满额入住约90天。其中，住宿的游客量约为5万人，不住宿的游客量约为75万人。

生活污水量参考《农村生活污水处理项目建设与投资指南》（国家环境保护部，2013），如表6-12所示。

表6-12　农村地区居民生活污水量

类型	生活污水/[L/（人·d）]	
	南方	北方
村庄（人口≤5000人）	45~110	35~80
村镇（人口5000~30000人）	85~160	70~125

针对竹海村的研究较少，因此可以参考针对万石镇污水的水量与水质的调查，生活污水排放系数按0.8计算，生活污水排放量 V_1=55L/（人·次）。不同季节万石镇分散式污水水质不同，由于夏秋两季游客众多，对当地水质的影响较大，因此以夏秋两季的水质作为主要参考，生活污水污染物一般浓度作为辅助参考，COD取390mg/L，氨氮取15mg/L，BOD取250mg/L，SS取180mg/L，动植物油取20mg/L。

由于农村地区普遍使用化粪池处理污水，竹海村农家乐餐饮废水排放量将《建筑给水排水设计标准》（GB 50015—2019）作为参考标准，竹海村餐饮废水排放量 V_2=

15L/（人·次）。同时，将《饮食业环境保护技术规范》（HJ 554—2010）作为参考标准来确定竹海村农家乐餐饮废水各污染物浓度，水质指标 COD 取 800mg/L，氨氮取 10mg/L，BOD 取 400mg/L，SS 取 300mg/L，动植物油取 100mg/L。将相关参数代入式（6-19）进行污染物估算：

则

$$P(\text{COD}) = \left[\alpha_1(V_1\eta_1 + V_2\eta_2) + \alpha_2 V_2\eta_2\right] \times 10^{-6}$$
$$= \left[50000 \times (55 \times 390 + 15 \times 800) + 750000 \times 15 \times 800\right] \times 10^{-6}$$
$$= 10672.5\text{kg}$$

$$P(\text{NH}_3 - \text{N}) = \left[\alpha_1(V_1\eta_1 + V_2\eta_2) + \alpha_2 V_2\eta_2\right] \times 10^{-6}$$
$$= \left[50000 \times (55 \times 15 + 15 \times 10) + 750000 \times 15 \times 10\right] \times 10^{-6}$$
$$= 161.25\text{kg}$$

$$P(\text{BOD}) = \left[\alpha_1(V_1\eta_1 + V_2\eta_2) + \alpha_2 V_2\eta_2\right] \times 10^{-6}$$
$$= \left[50000 \times (55 \times 250 + 15 \times 400) + 750000 \times 15 \times 400\right] \times 10^{-6}$$
$$= 5487.5\text{kg}$$

$$P(\text{SS}) = \left[\alpha_1(V_1\eta_1 + V_2\eta_2) + \alpha_2 V_2\eta_2\right] \times 10^{-6}$$
$$= \left[50000 \times (55 \times 180 + 15 \times 300) + 750000 \times 15 \times 300\right] \times 10^{-6}$$
$$= 4095\text{kg}$$

$$P(\text{动植物油}) = \left[\alpha_1(V_1\eta_1 + V_2\eta_2) + \alpha_2 V_2\eta_2\right] \times 10^{-6}$$
$$= \left[50000 \times (55 \times 20 + 15 \times 100) + 750000 \times 15 \times 100\right] \times 10^{-6}$$
$$= 1255\text{kg}$$

污水总量 Q 为：

$$Q = \left[\alpha_1(V_1 + V_2) + \alpha_2 V_2\right] \times 10^{-3}$$
$$= \left[50000 \times (55 + 15) + 750000 \times 15\right] \times 10^{-3}$$
$$= 14750\text{m}^3$$

由于竹海村农家乐营业基本集中在 2、7、8 月份，相当于平均每天产生 COD118.6kg，氨氮 1.79kg，BOD61kg，SS45.5kg，动植物油 14kg。

（3）农家乐旅游与村民的日均污染量的比较（表 6-13）

表 6-13 污水及污染物日产生量

项目	农家乐旅游	村民	比值
人数/d	8889	2276	3.91
污水量/（m³/d）	164	125.18	1.31
COD/（kg/d）	118.6	48.8	2.43
氨氮/（kg/d）	1.79	1.88	0.95

项目	农家乐旅游	村民	比值
BOD/（kg/d）	61	31.3	1.95
SS/（kg/d）	45.5	22.5	2.02
动植物油/（kg/d）	14	2.5	5.6

注：表内数据针对旅游旺季。

与平日相比，旅游旺季污染物产生量成倍增加，尤其动植物油。因此，农家乐旅游对当地的污染影响不可忽视，必须对这部分污染物有效去除。

课后任务：选取周边农家乐为调查对象，对其产生的废水量和污染物进行核算。

6.5.3　任务二：农家乐废水处理技术

根据现有对农家乐生活污水处理的研究，可将各类方法大致分为物化法、电化学法、生物法以及其他新兴组合工艺。

（1）物化法

物化法即用物理或化学的方法将农家乐生活污水中的有机污染物和油脂去除，具有操作管理简单便捷、占地面积小以及经济投资少等特点，在农家乐生活污水的处理研究中被反复应用。

① 粗粒化法。油、水相对聚结材料亲和力相差较大，粗粒化法则利用了这一特性，以粗粒化滤料的亲油疏水性质为依据，使油粒结成粒径较大的油珠，进而从水中分离出来，达到油水分离的目的，现在农家乐生活污水的处理研究中常将粗粒化法应用于预处理阶段。

刘蓉等用改性聚丙烯酰胺纤维作为粗粒化滤料进行实验研究，其实验结果证明，利用该滤料能有效地处理餐饮废水，大幅度降低餐饮废水中的油脂含量和 COD 的浓度，有利于后续的生化处理。

② 混凝法。混凝法是混凝剂加入处理水后，通过压缩双电层、电中和、吸附架桥以及网捕卷扫等过程（这些过程可能单独作用也可能是多种共同作用），从而使水体胶体和悬浮粒子脱稳从而形成大聚集物，水中杂质与水体分离沉淀，进而使水体得到净化。工艺流程图见图 6-51。

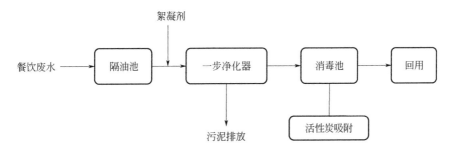

图 6-51　混凝法工艺流程

于金莲等通过对混凝过程的研究得出：决定混凝剂用量的阶段主要为破乳阶段，废水经混凝处理后，油、COD_{Cr} 的去除率与原废水中油、COD_{Cr} 含量有关，污染物含量越高，去除率亦越高。因而其处理效果受水质影响较大，处理效果往往不稳定。不适合处理水质波动大，COD_{Cr} 浓度高的农家乐生活污水。

（2）电化学法

电化学法中，阳极材料氧化后生成的离子与水体的 OH^- 反应，阴极则发生还原反应生成气体逸出水面，这个过程会使水中生成的絮凝体通过气浮作用而被带动上浮，进而被去除。在实际处理中可以将电化学法作为单独的处理工艺，亦可将其与其他技术联合处理污水。王世真研究了电化学法处理餐饮废水的最佳处理条件以及其影响因素，经试验，在最佳条件下 SS 去除率可达 91%，COD 达 72%，动植物油在 61% 以上，同时温度对处理效果无显著影响。Chen 等采用电凝聚法处理高油脂含量、不同浓度的农家乐生活污水，研究发现实验中污水的油脂去除效果较好，可达 94%，经实验认证油脂的处理效率变化与电荷有关，与进水 pH 值、电流密度、电导率无关。电化学法具有装置占地面积小、无需投加药剂、操作方便、维护方便以及可自动化等优点，但存在耗能较多，成本较高的缺点，在农家乐生活水处理应用中难以大规模推广。

（3）生物法

生物法是指根据生物自身的新陈代谢特点，利用好氧、缺氧甚至厌氧微生物降解农家乐生活污水的有机污染物的一种生物处理技术。利用生物法处理农家乐生活污水具有再污染程度低、使环境资源循环、维护生态健康发展等优势。可分为活性污泥法、膜处理技术、生物接触氧化法、自然生态法等。

① 活性污泥法。活性污泥法是一种污水的好氧生物处理法，它将污水与活性污泥混合搅拌，并向污水中连续通入空气，使污水中的有机污染物在生物酶和溶解氧的作用下分解，生物固体从已处理污水中分离，微生物不断生长繁殖，维持其活性，从而使污水得到净化。孙水裕等在用常规活性污泥法处理餐饮废水的基础上，创新地在污泥中加入强磁性粉末，结果表明，用加入磁粉强化的活性污泥（MPIASO）对 COD_{Cr} 和浊度的去除率有较大提高，污泥沉降性能有明显的改善，处理效果明显优于普通活性污泥法。李建娜等将蛭石添加到活性污泥中，从而研究其对餐饮废水的处理作用，结果表明，新型膨胀蛭石活性污泥体系的出水 COD_{Cr} 浓度远低于常规污泥法，实质上是由于蛭石在其中起到生物膜载体的作用，提高了整体体系的净化效果，也增强了系统的稳定性。

② 膜处理技术。膜处理技术是将生物膜结合到传统的活性污泥法中，这样整个除污体系既具备了传统污泥法的降解能力，又能拥有膜的高效分离能力。与此同时，整体设备的占地面积小，处理效果好，近年来在农家乐生活污水中有很好的应用效果。

尹艳华等运用膜处理技术对农家乐废水进行处理，研究了膜组件操作压力、温度、污泥浓度和膜面流速对膜通量的影响，分析了膜污染和清洗效果。结果得出，在污泥泥龄为 50~60d，水力停留时间 4~5h，对污染物的去除率最高，COD、悬浮颗粒物、油脂和浊度的去除率>98%。整套装置耐冲击、运行稳定，出水水质好，价格适中，处理 1t 废水平均花费为 0.65 元。

③ 生物接触氧化法。生物接触氧化法由生物膜法衍生而来，通过在曝气池内添加一定体积比的填料供微生物栖息，使得污水与微生物广泛接触，在微生物新陈代谢功能作用下，对污染物进行降解去除。鉴于生物接触氧化法无污泥回流和污泥膨胀，既能高效去除有机污染物，还能够用以脱氮。该技术易操作且对冲击负荷有较强的适应能力，对于农家乐废水的集中处理极其适用。但整套装置占地面积较大，填料易堵塞导致曝气、布水不均，仍需继续研究改进。

④ 自然生态法。自然生态法是通过投配一定比例的污水到土地上，利用土壤-植物-微生物复合系统的物理、化学、生物和生物化学作用，对污水中可降解污染物进行净化处理，并回收利用污水中的水肥资源。常用于远离城市、市政污水管网不健全的偏远乡村地区，既能节约资金，还能就地解决污水排放问题，遵循循环再生、和谐共存理念。目前适用于农家乐废水处理的生态技术包括传统的土地处理系统、人工湿地系统和多介质土壤层技术等。

（4）新兴组合工艺

由于农家乐生活污水水质复杂，污染物浓度变化大，仅使用某一种物化法、电化学法或生物法的处理结果都不易达到预期，因此需将物理、生物和化学等方法联合起来，避免单一工艺的缺点，且可为规模大的农家乐污水处理提供可行性的方法。因此各类组合工艺也是日后农家乐污水处理的研究方向和热点。宋鑫等对河南某村进行调查研究，考虑到生活污水水量波动大、出水水质高等实际情况，采用 AAO-MBR 工艺处理生活污水和工业废水，此种工艺集成化高，污泥浓度、污泥负荷得到提高，抗冲击负荷能力强，出水水质稳定，运行费用适中，可以实现远程控制，对 COD、TN、TP、NH_3-N 的去除率分别为94%、81%、92%、91%，出水指标均能达到预期的排放标准，为解决农家乐废水难收集处理难题提供了实践路线。

课后任务：在所学知识的基础上，根据任务二调查的农家乐废水的特性和污染物量，设计农家乐废水中水回用处理方案。

6.5.4 任务三：项目设计

农家乐是振兴乡村经济的有效手段，近几年发展迅速，游客量急剧增加，对水资源的需求和污水的产生及排放量也日益增大，对当地及周边水环境的影响也越来越明显。随着水环境污染和水资源匮乏现象的日益加剧，水的资源化成为一种必然趋势。本任务设计以抗污染性强、通量高、分离效率优，且具抗菌性的载银 PVDF 膜构建的 MBR 为核心处理单元，与添加新型菌的水解酸化池有机串联的废水处理工艺。进而在实验室搭建运行"抽屉式滤池+高效节能型水解酸化池+自清洁膜池"多级耦合的智能型模块化中水回用装置。该装置充分发挥物理-生物-膜分离技术的协同效应，快速高效降解有机大分子，去除 SS、胶体、LAS 等污染物和90%以上粒径在 100～120nm 的细菌、病毒。克服分散式污水难收集、难处理的困境，且进一步突破传统的絮凝、沉淀、活性污泥等中水回用技术导致的占地面积大、使用成本高、产生二次污染等缺陷。装置融合智能化、模块化理念，以太阳能为动力来源，实现分散式污水的循环利用，具有显著的社会效益、经济效益和环境效益，有良好的商业应用前景。本任务设计思路见图 6-52，各处理单元工作原理见图 6-53，中水回用装置现场安装见图 6-54。

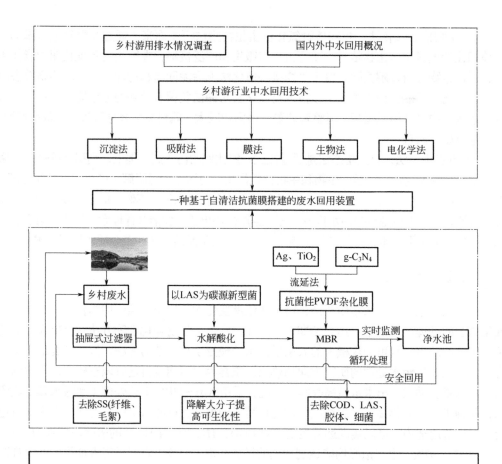

图 6-52　设计思路图

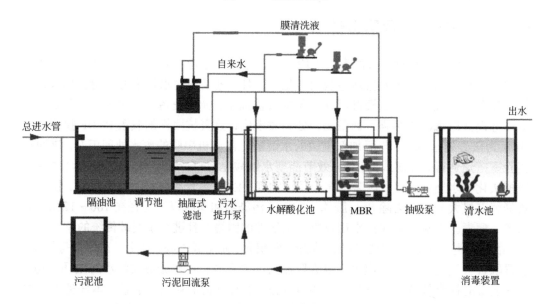

图 6-53　工作原理图

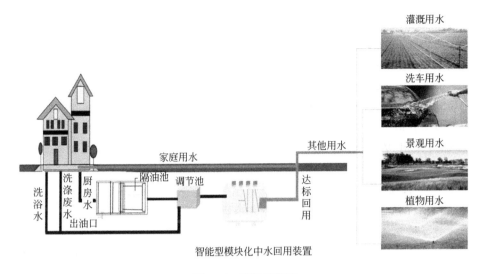

灌溉用水

洗车用水

景观用水

植物用水

其他用水

达标回用

家庭用水

隔油池 调节池

厨房水

洗涤废水 出油口

洗浴水

智能型模块化中水回用装置

图6-54 现场安装图

课后任务：在前期任务学习基础上，查阅资料理解本任务中各处理单元的耦合机理，学习了解分质处理系统。

6.5.5 任务四：处理单元设计

知识链接：MBR与传统生物处理工艺的组合应用

随着我国污水排放标准的日趋严格，采用传统生物处理工艺很难达到处理要求，而MBR因其污泥浓度高、处理效率高、出水水质好、占地面积小等优点受到越来越多的关注。通过将MBR与传统生物处理工艺结合，可以同时发挥各自独特的优势，强化污水的处理效果。

（1）A^2/O-MBR工艺

A^2/O工艺是由南非及美国的一些专家于20世纪70年代在厌氧-好氧法工艺基础上开发出来的能够同步脱氮除磷的污水处理工艺。A^2/O工艺具有良好的脱氮除磷效果，但脱氮效率难以进一步提高。为此，Adam等一些研究者在2002年通过将A^2/O工艺与MBR联用，提出了A^2/O-MBR工艺。

A^2/O-MBR工艺将膜组件代替A^2/O工艺中的二沉池，通过膜组件的高效固液分离作用，达到泥水分离，不用担心污泥膨胀，同时也减小了占地面积。通过膜池的高浓度混合液回流到好氧池以维持生物池微生物浓度，好氧池回流到缺氧池用以反硝化脱氮，好氧池回流到厌氧池用以厌氧释磷及补充厌氧池微生物的量，但这种回流方式会增加厌氧池和缺氧池的含量，不利于厌氧释磷和反硝化脱氮。为此众多学者在此基础上提出了许多改进工艺，如UCT-MBR、RAAO-MBR、MUCT-MBR等工艺，也取得了很好的处理效果。

谷维梁等采用A^2/O-MBR工艺处理生活污水，研究了对COD、NH_3-N、TN和TP的去除效果，该工艺对COD和NH_3-N的去除效果较好，平均去除率达90.32%和86.5%，对TN和TP去除效果较差，平均去除率仅为50.29%和45.05%。

王旭东等采用倒置A^2/O-MBR工艺处理模拟生活污水，结果表明该工艺对生活污水中的COD、NH_3-N及TP保持较高的去除率，对COD及氨氮分别保持95%、98%以上的高去除率，出水总磷也维持在较低水平，均达到城镇污水一级 A 排放标准。

（2）生物膜-膜生物反应器

生物膜-膜生物反应器（BMBR），是将膜分离器与生物膜法有机结合的一种新的污水处理工艺，是一种既能控制污染又能实现废水资源化的新兴技术。即在膜生物反应器中加装填料，利用填料比表面积大的特点，在填料表面形成生物膜来去除污水中的污染物质，通过膜的截留作用进一步强化处理效果。

Munz 等采用 PAC-MBR 工艺处理制革废水，研究表明，投加 1.5g/L 粉末活性炭后的MBR 能使出水水质更加稳定，膜的污染得到缓解，污染的膜经过碱或者酸清洗后，膜的通量恢复率也得到提高。

Yang 等在采用一些多孔、软性悬浮载体来研究对膜污染的影响时发现，在 MBR 中投加悬浮填料可延缓膜污染的形成，膜的临界通量提高了大约 20%，滤饼阻力减少了 86%。

程一桥等在膜生物反应器中投加聚丙烯材料的多面空心球，考察了投加前后系统对污水的处理效果，研究发现，NH_3-N、TN、TP、色度及浊度的平均去除率分别提高了 0.8%、1.4%、9.1%、14.8%、0.2% 及 2%，其中 TN、TP 的去除率明显提高。

（3）序批式膜生物反应器

将 SBR 与膜法有机结合形成序批式膜生物反应器（SBMBR），一方面具备了一般 MBR 处理工艺的优点，另一方面对膜组件本身和 SBR 工艺两种程序运行都产生了积极影响。利用膜的高效截留作用，可以截留停留时间较长的硝化菌，提高系统的硝化效果，并且由于截留作用可以将微生物全部截留在反应器内，能够保证微生物在反应器内最大限度地增长，这样微生物的吸附、降解能力增强。系统的间歇运行也可以减缓膜污染。此外在反应阶段就可以利用膜的高效截留作用同步排水，这就省掉了后面沉淀阶段所需的时间，因此缩短了 SBMBR 循环时间。魏建等采用缺氧/好氧序批式膜生物反应器（SBMBR）处理腈纶废水，结果表明，SBMBR 工艺对腈纶废水污染物具有高效的去除效果，在 HRT 为 24h、90min缺氧/150min 好氧交替运行情况下，COD、氨氮、TN 平均去除率分别达到 82.5%、98.7%和 74.6%，出水水质可以稳定达到国家《污水综合排放标准》（GB 8978—1996）一级标准。

根据前面任务中调查的农家乐废水的特性和排放量，本任务以 2t/d 的处理规模进行各处理单元的设计。

（1）处理单元作用机理

设计双层抽屉式过滤单元，第一层用于蓄水，第二层为添加废弃石子的滤料层，不仅有效去除大颗粒物质，还可附着微生物形成生物膜，对氨氮有一定去除作用，抽屉式设计方便滤料的清洁和更换。

从环境中筛选分离出能高效降解直链烷基苯磺酸钠（LAS）的菌株，经过数次驯化后将培养液涂布于含 LAS 的固体无机盐培养基上，选取长势良好的菌落再划线分离，重复 4次后，获得 LAS 降解纯菌。添加 5% 左右该新型菌的水解酸化单元可快速高效去除洗涤废水中 90% 左右的 LAS，同时降解有机大分子时间从传统的 6h 减至 4h 左右。

自制 $Ag/TiO_2/g$-C_3N_4 三元复合材料，超声波震荡后均匀分散至 PVDF 铸膜基体中，基于相转换机理，采用简单易行的流延法制得通量高、抗污染性强的载银 PVDF 光催化膜，经后处理制成组件备用。以 PVDF 光催化膜为核心搭建 MBR，通过系列实验确定 HRT、MLSS、DO 等运行参数。该单元有效耦合光催化-膜分离作用，可高效去除废水中胶体、氨氮、病毒等污染物，确保出水符合回用水要求。Ag/TiO₂/g-C₃N₄/PVDF 膜的光催化性有效提高 MBR 膜池的抗污染性，延长膜片清洗周期和使用寿命，降低使用成本，且几乎无剩余污泥产生。

将抽屉式滤池、高效低能水解池、MBR 膜池有机串联，实现农家乐废水就地资源化。

（2）处理单元特性

① 抽屉式过滤。抽屉式过滤单元主要由两层组成，一层用于储水，一层为滤料。滤料使用尺寸 7~14mm 的小石块制成，透水性（图 6-55）和通气性能好，同时它也能够与周围的生态环境相适应，促进生态环境的可持续发展。抽屉式滤池对污染物的去除机理涉及几方面：物理净化方面，滤料的孔隙结构使其能够作为很好的过滤材料，而小石块较大的比表面积也使其具有很好的吸附效果；化学净化方面，外源添加的钙离子能调节 pH，并作为絮凝剂使得污水中的悬浮物沉淀，而粗骨料作为矿化物会发生离子交换反应，使得污染物被吸附。此外，滤料在净水过程中的生化作用引起了人们的广泛关注，其主要原因为：小型石块的比表面积能够为微生物提供适宜的生存环境和生长空间，而装置运行一段时间后微生物能在石块表面和内部形成生物膜（生物膜是一种絮状结构，比表面积大而孔隙多，能够吸附污染物），污染物被吸附在膜表面后逐渐被微生物降解，使水质得以净化。

图 6-55　不同透水性能的滤料

结果显示，本装置的抽屉式滤池单元能有效去除污水中大颗粒杂质，如缠绕头发丝、阻隔茶渣等，同时对 SS 和营养盐的去除也有显著效果。挂膜成熟之后对水体总磷的去除率能达 50%~60%，对氨氮的去除率能达 30%~40%，这能显著减轻后端各单元的处理压力。

② 高效节能水解酸化单元。高效节能水解酸化单元的核心技术为 LAS 降解纯菌的培养。将所取的污泥样品制成 10%污泥悬液，以 5%接种量接种于含 LAS 的液体富集培养基中进行富集培养。经过数次驯化后将培养液涂布于含 LAS 的固体无机盐培养基，选取长势良好的菌落于液体 MS 培养基中继续培养后再涂布于含 LAS 的固体无机盐培养基，反复涂布纯化获得一株能降解 LAS 的细菌，纯培养物划线于牛肉膏蛋白胨培养基，并于 4℃冰箱中保存。该试验培养条件为 30℃、150r/min 恒温摇床培养。培养过程见图 6-56。

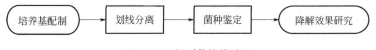

图 6-56　新型菌培养过程

综上，本任务中的纯菌对 LAS 的降解效率可达 90%以上，降解有机大分子时间从 6h

缩短至 4h 左右。

③ 自清洁膜池。该处理单元以自制的抗污染性强的 PVDF 膜为核心构建 MBR 系统，采用间歇运行，设定过滤时间为 8min，静置时间为 2min，通过系列实验确定 HRT、MLSS、DO 等最优运行参数。该单元有效耦合光催化-膜分离作用，可高效去除废水中胶体、氨氮、病毒等污染物，确保出水符合回用水要求。

Ag/TiO$_2$/g-C$_3$N$_4$/PVDF 膜的光催化性能有效改善 MBR 膜池的抗污染性，延长膜片清洗周期和使用寿命，降低使用成本，且几乎无剩余污泥产生。中试装置运行参数如表 6-14 所示。

表 6-14　中试装置最佳运行参数

工艺参数	数值
出水量/（m³/d）	2
停留时间/h	5~6
污泥停留时间/d	20~30
操作压力/MPa	<0.03
MLSS/（mg/L）	3000~4000
DO/（mg/L）	1~4

④ 分质处理系统。处理水量的大小可通过调节阀开启的数量来进行适当调节，当处理水量较大时，可把调节阀全部打开以增加参与工作的膜的数量来提高处理流量。当处理水量较小时，可开启少量调节阀以减小处理流量。当调节阀全部开启水通量却还是很小时，需要检查膜是否受到污染堵塞，要定时对膜进行清洗、更换，来保证膜的透水性。水质监测系统和电磁阀组合实现智能分质处理，确保污水的安全回用。装置在实际应用中可以按比例放大，采取较大工作流量的自吸泵可以提高处理污水的流量。图 6-57 为分质处理系统工作示意图。

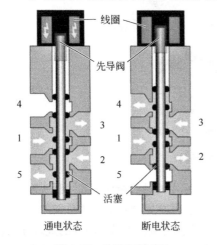

图 6-57　分质处理系统

1—污水进水口；2—污水出水口；3—一次处理水进水口；4—洁净水出水口；5—污水二次处理进水口

（3）处理单元尺寸计算

① 抽屉式滤池。以 2t/d 的处理量进行设计

$$V = \frac{Qt}{1.4}$$

式中　Q——废水平均流量，m³/h；

　　　t——水力停留时间，h；

　　　1.4——经验系数。

$$V = \frac{\frac{2}{24} \times 24}{1.4} = 1.43 \text{m}^3$$

令高为 0.3m，则

$$A=\frac{V}{h}=\frac{1.43}{0.3}=4.77\text{m}^2$$

L 为 2.3m，B 为 2m。

抽屉式滤池为一个长、宽、高分别为 2.3m、2m、0.9m 的长方体结构，由 3 个高都为 0.3m 的抽屉式小滤池组成（图 6-58）。每个小滤池都可抽拉，更换方便快捷。其中第一层用于储存污水；第二层上设有废石等滤料，以废治废，更加环保；第三层存储预处理后的污水，通过管道排向水解酸化池。

② 水解酸化池。

$$V=1.5Qt=1.5\times0.16\times4=0.96\text{m}^3$$

令高为 0.9m，长为 1.4m，宽为 0.8m。

水解酸化池长宽高为 1.4m、0.8m、0.9m，污水在水解酸化池中停留的时间为 4h，池中流量为 0.16m³/h。在传统水解酸化池的基础上添加 5% 的新型菌。新型菌可将进入池中的 LAS 作为营养物质吸收而转化成为其体内的有机成分，其余部分被新型菌氧化分解成简单的物质，如 CO_2、水等。新型菌对 LAS 的降解终产物是二氧化碳、水和硫酸盐，不会引起二次污染。能较明显地改善废水的可生化性，提高后续反应效率，降低处理成本。

③ MBR 膜池。

$$n=\frac{Q}{NA}=\frac{2}{400\times10^3\times0.8}=6$$

式中　n——膜数量，片；

　　　Q——废水处理量，2t/d；

　　　N——膜通量，400L/（d·m²）；

　　　A——有效面积，0.8m²。

10 片做成一个组件，膜池为高 1.6m，宽 0.7m，长 1.1m（图 6-59），处理量为 2t/d，水力停留时间为 5~6h。自清洁功能载银膜，不仅提高膜的亲水性，还有机耦合膜分离与光催化技术，高效截留悬浮物、胶体、LAS 等污染物，银离子的抗菌性可去除 70% 以上粒径 100~120nm 的细菌、病毒。水解酸化池中富集的新型菌与 MBR 中的自清洁抗菌载银膜耦合，快速高效降解有机大分子后可高效去除 SS、胶体、LAS 等污染物和 90% 以上粒径 100~120nm 的细菌、病毒。

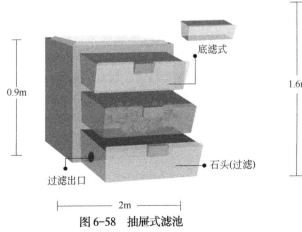

图 6-58　抽屉式滤池

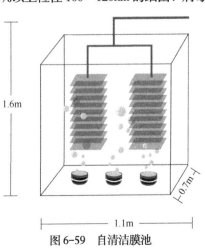

图 6-59　自清洁膜池

④ 隔油池+调节池（污水收集池）。

预计 1 天 2t 的量，$a = b = h = 1.3m$。

处理 2t/d 的中水回用装置各处理单元尺寸见表 6-15。

表 6-15 处理单元尺寸

名称	长/m	宽/m	高/m	容量/m³	预处理废水/m³
蓄水池	1.6	1.6	1.6	4.096	4
抽屉式滤池	2.3	2	0.9	4.14	1.43
水解酸化池	1.4	0.8	0.9	1.01	1.01
MBR 池	1.1	0.7	1.6	1.23	1.23

课后任务：熟练使用 AutoCAD、Photoshop、Visio 等办公软件。

6.5.6 任务五：装置搭建及运行

知识链接：MBR 的膜污染

分散式污水处理技术中，膜生物反应器有广阔的发展前景。然而，膜生物反应器具备一定的弊端，最突出的是膜组件费用问题与膜污染问题。其中，膜污染发生将引起运行通量减小，影响系统运行出水，同时高能耗的膜污染清洗系统也将增加工艺的运行费用。对膜污染的控制与缓解，有助于 MBR 工艺的高效稳定运行。膜污染的定义和分类在任务三的知识链接中介绍过，这里主要对 MBR 运行中有关膜污染的影响因素进行简单介绍。

膜污染形成机理十分复杂，其形成因素也正处于不断研究中。MBR 处理工艺中，膜污染形成主要有三个因素：①膜的材料；②工艺设计参数与运行工况；③污水与污泥特性。

膜材料的分子结构和膜的表面形态决定了膜的电荷性：膜材料亲疏水性、膜表面粗糙程度、膜孔径、膜孔隙率等。由于胶体物质等大多带负电，膜表面负电性可减少胶体物质在膜表面的吸附，降低膜污染。Choo 等针对聚砜膜、纤维素膜和聚偏氟乙烯膜的膜污染情况试验观察结果表明，聚偏氟乙烯的膜污染情况最小。对于膜的亲疏水性，Chang 通过对疏水材料膜和亲水材料膜做连续运行对比试验表明，疏水性膜比亲水性膜对污染物质的吸附能力更强，膜污染更严重。通常认为粗糙度较高的膜表面，吸附污染物的概率越大，膜污染可能性提升。同时，粗糙度影响了膜表面的水流扰动，降低了污染物的吸附效果，因此，膜表面粗糙程度对膜污染具有综合性的评价。膜孔径、膜孔隙率与膜污染密切相关。大部分研究发现，当污染粒子粒径小于膜孔径时，膜污染与通量下降趋势更严重，分析原因是小尺寸粒子容易在膜孔内被沉积压实，造成膜孔堵塞。

膜运行工况方面，间歇抽吸运行、膜池曝气强度、污泥停留时间、膜运行通量和错流过滤等，直接影响工艺运行的膜污染。间歇抽吸运行可使 MBR 运行过程中膜组件保持一段时间的松弛，增强曝气冲刷清洗的效果。郭浩通过间歇运行 MBR 试验表明，采用间歇运行的 MBR 工艺处理农村生活污水时，可保证膜通量维持在 20L/（m²·h），且长期不用进行化学清洗。较长的污泥停留时间会增强微生物内源代谢作用，微生物产物浓度增加。因此，随着 SRT 的延长可能会加重膜污染。刘阳通过试验，对比不同曝气强度下 MBR 膜污染的情况发现，曝气强度提高时，系统中胞外聚合物（EPS）的浓度提高，EPS 是引起膜污染的因素之一，过高曝气强度下膜污染更加严重。膜过滤过程中，根据主体料液与透过液的流动方向是否一致，可将过滤方式分为死端过滤和错流过滤，图 6-60 为错流过滤和死端过滤示意图。死端过滤过程主体料液沿膜表面呈切向流动，而过滤液透过膜表面呈垂直流动，错流过滤使主体料液经膜表面产生水平剪切力，冲刷膜表面滤饼层，缓解膜污染。白凤鲛通过对平板膜进行错流微滤实验证明，错流过滤操作能有效地减速滤饼层的形成，且当错流速度控制在 0.1m/s 时，膜污染的减缓程度最明显。

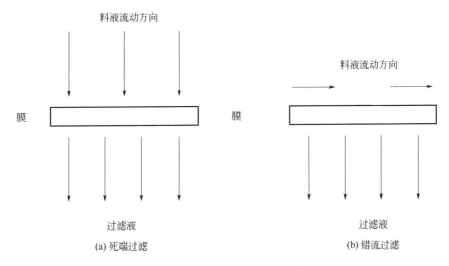

料液流动方向

料液流动方向

膜   膜

过滤液   过滤液
(a) 死端过滤   (b) 错流过滤

图 6-60　死端过滤和错流过滤示意图

污泥特性方面，污水与污泥是膜污染的直接来源。对于混合液污泥浓度 MLSS，有研究认为，对比 MBR 系统 MLSS 运行工况调节为 4000mg/L、7000mg/L、10000mg/L 时，膜组件运行跨膜压差增长率随着 MLSS 的提高而减小，因此证明高污泥浓度有助于保证膜通量稳定，但试验运行后期，高污泥浓度试验组的跨膜压差曲线发生跃升，表明过高的 MLSS 浓度在连续运行时更容易引起膜污染。Defrance 探究膜污染的构成组分表明，溶解性物质、胶体物质和悬浮液固体对膜污染的贡献比例分别是 5%、30%、65%，研究显示胶体物质对膜污染的影响最大；但也有研究表明系统污泥混合液中胞外聚合物（EPS）是膜污染的主要原因，其主要成分是蛋白质和多糖，同时含有少量核酸、脂类、腐殖质，且膜污染中超过 80% 的滤饼层由 EPS 引起。Ahmed 研究发现，在 MBR 运行过程中，随着 EPS 浓度提高，膜组件上滤饼层比阻增大，并引起跨膜压差增大。

综上所述，MBR 系统中膜污染受多方面因素的影响，图 6-61 归纳了膜污染的影响因素。

在实际应用中可通过膜材料改性、曝气量调整、污水预处理等手段控制与缓解膜污染现象，提高 MBR 工艺运行稳定性，降低运行能耗与使用成本。

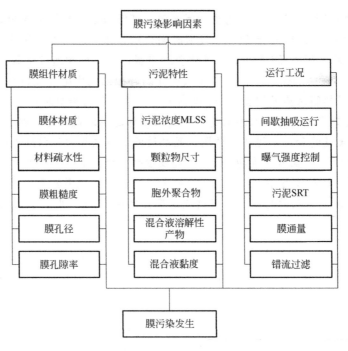

图 6-61　膜污染因素

（1）膜分离装置搭建及运行

本任务主要搭建并运行用于农家乐污水的就地资源化一体化中水回用装置（图 6-62）。装置搭建步骤如下。①参照前期设计的工艺方案选择处理单元；②根据处理水量计算所需膜的数量，制作简易组件，并连接进出水管；③将以废治废制的石子放入抽屉式滤池的抽屉上层作为滤料，不仅有效去除大颗粒的物质，还可附着微生物形成生物膜，对氨氮有一定去除作用；④搭建添加了富集以 LAS 为唯一碳源和能源的微生物菌群的水解酸化池，高效去除 LAS 的同时还可快速降解污水中的有机大分子；⑤将膜组件放入抽屉式处理单元底部并搭建 MBR 系统；⑥调节池注入配制的污水；⑦搭建太阳能板，确认通电，启动水泵，整套装置开始运行；⑧每个处理单元进出水水质取样分析，验证其去除效果；⑨如果水质不符合要求，启动智能分质系统，实现污水循环处理，确保安全回用。

图 6-62　装置实物图

装置处理工艺（图 6-63）如下。废水通过抽屉式滤池除去废水中悬浮物（如衣物中的毛絮、纤维等），再利用水解池中新型菌去除 90%的 LAS，并高效快速降解有机大分子，最后进入膜池进行深度处理，去除废水中 90%的 COD、胶体、细菌等污染物。水质监测系统和电磁阀组合实现智能分质处理，确保出水达回用水标准。整套装置以清洁的太阳能为动力来源，绿色高效地实现分散式污水的就地资源化，助推美丽乡村和节水型社会的建设。

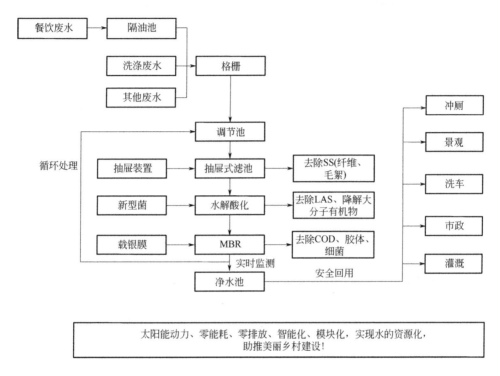

图 6-63　处理工艺

课后任务：以小组为单位搭建并运行该一体式中水回用装置，并对各处理单元进出水进行监测分析。

（2）效益分析

本项目设计的一体式中水回用装置无土建，零耗电，一次性投入少，处理费用为 0.47元/t，比传统费用降低 20%，经济效益可观。以 10 间住宿（床位数为 20 个）规模的"餐饮+住宿+娱乐休闲"一体式农家乐旺季经营为例计算综合效益。

将相关参数代入公式进行估算，得：

根据式（6-19）已估算得 COD、NH₃-N 和污水总量分别为：10672.5kg、161.25kg 和 14750m³。在当前得游客类型比例条件下，按上文给定的 1000 张床位数计算单位床位的污染物量 $\overline{P}$:

$$\overline{P}_{(COD)} = \frac{P_{(COD)}}{1000} = \frac{10672.5}{1000} = 10.6725 \text{kg(COD)}/\text{床位}$$

$$\bar{P}_{(NH_3-N)} = \frac{P_{(NH_3-N)}}{1000} = \frac{161.25}{1000} = 0.16125 kg(NH_3-N)/床位$$

每个床位的污水量 $\bar{Q}$ 为：

$$\bar{Q} = \frac{Q}{1000} = \frac{14750}{1000} = 14.75 m^3/床位$$

因此可知，此种规模的农家乐产生的总的 COD、NH_3-N 和污水的量为：

$$P_{(COD)} = 10.6725 \times 20 = 213.45 kg(COD)/总床位$$

$$P_{(NH_3-N)} = 0.16125 \times 20 = 3.225 kg(NH_3-N)/总床位$$

$$P_{(Q)} = 14.75 \times 20 = 295 m^3/总床位$$

即按当前的农家乐的经营现状和游客类型比例，总床位所对应的 COD 理论产生总量为 213.45kg，氨氮理论产生总量为 3.225kg，总床位对应的污水量为 295m³。估算旅游旺季一户农家乐的总床位污染物日产生量 $\bar{P}$：

$$\bar{P}_{(COD)} = \frac{P_{(COD)}}{90} = \frac{213.45}{90} \approx 2.372 kg(COD)/(床位 \cdot d)$$

$$\bar{P}_{(NH_3-N)} = \frac{P_{(NH_3-N)}}{90} = \frac{3.225}{90} \approx 0.0358 kg(NH_3-N)/(床位 \cdot d)$$

即按当前的农家乐的经营现状和游客类型比例，旅游旺季时，平均一户农家乐总床位每天所对应的 COD 理论产生总量约为 2.372kg，氨氮理论产生总量约为 0.0358kg。

结合对 2021 年的统计数据的分析核算，一户农家乐经营平均每个床位年收入约为 1.59 万元，经简单计算，万元产值对应的 COD 排放量 $\bar{P}_{(COD)}$ 为：

$$\bar{P}_{(COD)} = \frac{\bar{P}_{(COD)}}{1.59} = \frac{10.6725}{1.59} \approx 6.7122 kg(COD)/万元$$

万元产值对应的 COD 排放量 $\bar{P}_{(NH_3-N)}$ 为：

$$\bar{P}_{(NH_3-N)} = \frac{\bar{P}_{(NH_3-N)}}{1.59} = \frac{0.16125}{1.59} \approx 0.1014 kg(NH_3-N)/万元$$

计算万元产值对应的污水排放量 $\bar{Q}$ 为：

$$\bar{Q} = \frac{\bar{P}_{(Q)}}{1.59} = \frac{14.75}{1.59} \approx 9.2768 m^3/万元$$

本装置的安装成本一套大约 2 万元，比纳管少了一半，更比一体化净水槽少了近 $\frac{2}{3}$ 的费用，所以在安装成本上节省了很多。同时农家乐纳管存在普遍跑冒滴漏的问题，由于农村对此状况了解甚微且不够重视，容易对环境造成二次污染，而我们团队此次设计的中水回用装置可以较好地解决该问题，其节水量能达到 80%，同时减少了 COD 与氨氮等污染物的排放。

6.5.7 项目总结

针对乡村旅游中节能节水措施匮乏，受经济、地势等因素的制约对其经营过程中产生的生活污水难以收集处理，直接排放导致水资源大量浪费和污染物排放超标等环境问题，本项目以分散式污水就地资源化为导向，设计并搭建"抽屉式滤池+高效节能型水解酸化池+自清洁膜池"中水回用装置，实现小规模、分散式污水就地处理，以小治小，以散治散，助推我国美丽乡村和节水型社会的建设。本项目以载银 PVDF 膜构建 MBR 系统，与添加新型菌的水解酸化池和抽屉式滤池等处理单元有机融合，充分发挥物理–生物–膜分离技术的协同效应。同时为确保低能高效实现分散式污水的安全回用，将水质监测系统和电磁阀有效组合，实现智能分质处理。本项目中大部分教学资源来源于产学研课题，教学过程中将环境、机械、自动化、艺术、经管等分散化、模块化知识有效整合，形成专业相关、多元交叉、系统化、全面化知识体系，并全程融入人文、职业道德、创新创业等思政元素，不仅实现了理实一体化教学，更利于创新型、复合型高素质人才的培养。装置搭建及运行部分不仅贯穿以废治废、资源循环利用、勤俭治校等思政元素，还有机融入美育和劳育教育，利于德智体美劳五育并举的高素质大学生的培养。通过本项目的开展，形成以学生为中心，教师为主导，知识与能力并重，团队型学习，小型化实训的教学形式，实现理实一体化教学，使学生的实践能力、工程应用能力和创新能力均得到提升。

参考文献

［1］高廷耀，顾国维，周琪. 水污染控制工程［M］. 4版. 北京：高等教育出版社，2015.

［2］胡洪营，吴乾元，黄晶晶，等. 再生水水质安全评价与保障原理［M］. 北京：科学出版社，2011.

［3］城镇污水再生利用技术指南（试行）［EB/OL］. 中华人民共和国住房和城乡建设部. 2012-12-28.

［4］符家瑞，周艾珈，刘勇，等. 我国城镇污水再生利用技术研究进展［J］. 工业水处理，2021，41（1）：18-24，37.

［5］徐傲，巫寅虎，陈卓，等. 北京市城镇污水再生利用现状与潜力分析［J］. 环境工程，2020（12）：1-13.

［6］杨扬，胡洪营，陆韵，等. 再生水补充饮用水的水质要求及处理工艺发展趋势［J］. 给水排水，2012，48（10）：119-122.

［7］孙成，鲜啟鸣. 环境监测［M］. 北京：科学出版社，2019.

［8］奚旦立. 环境监测［M］. 5版. 北京：高等教育出版社，2019.

［9］江晶. 污水处理技术与设备［M］. 北京：冶金工业出版社，2014.

［10］李国芳，夏自强. 节水技术及管理［M］. 北京：中国水利水电出版社，2011.

［11］王春荣，王建兵，何绪文. 水污染控制工程课程设计及毕业设计［M］. 北京：化学工业出版社，2013.

［12］夏季春，夏天. 污水处理厂托管运营［M］. 北京：中国建筑工业出版社，2018.

［13］闫龙，王玉飞，李健，等. 工业废水常规处理方法概述［J］. 榆林学院学报，2013，23（4）：41-46.

［14］杨赛，华涛. 污水处理工艺的生态安全性研究进展［J］. 应用生态学报，2013，24（5）：1468-1478.

［15］姚建. 环境规划与管理［M］. 北京：化学工业出版社，2009.

［16］周弘博. W风景名胜区污水处理项目综合评价研究［D］. 长春：吉林大学，2018.

［17］张媛媛. 中美污染预防比较研究［D］. 哈尔滨：东北林业大学，2007.

［18］王能民，汪应洛，杨彤. 从末端控制到全过程管理：环境管理模式的演变［J］. 预测，2006，25（3）：55-61，65.

［19］马保军. 城市中水回用的技术与问题研究［D］. 西安：长安大学，2010.

［20］唐元晖，李沐霖，林亚凯，等. 相转化法制膜过程的模型与模拟研究进展［J］膜科学与技术，2020，40（1）：266-274.

［21］王慧雅. TiO₂/GO/PVDF改性复合膜的制备及抗污染性能研究［J］. 膜科学与技术，2021，41（1）：80-88.

［22］张曼. 洗涤行业节能减排潜力分析和减排技术研究［D］. 北京：北京建筑大学，2014.

［23］张曼，岳冠华. 我国洗涤行业节能减排潜力分析［J］. 环境与可持续发展，2013（3）：29-32.

［24］程志华. 氧化石墨烯与g-C₃N₄改性平板膜制备条件与抗污染性能研究［D］. 广州：广东工业大学，2018.

［25］李鑫. 功能纳米粒子原位杂化超滤膜的构建、抗污染性能与机理研究［D］. 南京：南京理工大学，2016.

［26］杨孟. 复合式膜生物反应器处理校园生活污水的研究［D］. 西安：西安建筑科技大学，2012.

［27］蒋佳凌，钟成华，陈丽，等. 农家乐生活污水污染现状及处理工艺选择［J］. 山东化工，2015，44（6）：148-150.

［28］张志贵，朱静平，王中琪，等. 低成本废水生态处理组合工艺在农家乐废水治理中的应用［J］. 环境工程，2012，30（6）：16-18.

［29］王涛涛. MBR工艺处理滇池流域农村农业污水中试研究［D］. 重庆：重庆大学，2017.

［30］丁锴楠. 四川省农家乐污水排放特征及净化槽处理工艺研究［D］. 绵阳：西南科技大学，2020.

［31］顾丽. 人工土快速渗滤系统处理小区洗衣废水的试验研究［D］. 南京：河海大学，2020.

［32］尹倩情，王龙，焦盈盈，等. 城市污水回用健康风险评价的内涵与方法［J］. 上东建筑大学学报，2008，23（2）：141-144.

［33］邹家庆. 工业废水处理技术［M］. 北京：化学工业出版社，2003.

［34］周群英，王士芬. 环境工程微生物学［M］. 4版. 北京：高等教育出版社，2015.

［35］GB 50335—2016.